特高压直流工程建设管理实践与创新

TEGAOYA ZHILIU GONGCHENG JIANSHE GUANLI SHIJIAN YU CHUANGXIN

设备监造
典型案例

国家电网公司直流建设分公司　编

中国电力出版社
CHINA ELECTRIC POWER PRESS

内 容 提 要

为全面总结十年来特高压直流输电工程建设管理的实践经验，国家电网公司直流建设分公司编纂完成《特高压直流工程建设管理实践与创新》丛书。本丛书分标准化管理、标准化作业指导书、典型经验和典型案例四个系列，共 12 个分册。

本书将过往设备监造和换流变压器就地运输过程中遇到的典型问题进行了统计整理分类，共收集设备案例 411 例，大件运输案例 6 例。并对每一起案例发生的经过进行了较为详细的阐述，同时分析了造成这些问题的原因，并介绍了具体处理措施和结果。造成设备问题的原因涉及诸多方面，有的是设计方面的问题，有的是原材料组部件方面的问题、有的是设备制造方面的问题、有的是试验方面的问题，还有的是包装运输及工装设施方面的问题；大件运输问题则主要是天气气候、车路状况、集中到货等方面因素造成的。

本书可供从事特高压直流工程建设、设计、施工、调试、运行、维护和检修，直流输电设备制造的专业技术人员和管理人员使用。

本丛书可用于指导后续特高压直流工程建设管理，并为其他等级直流工程建设管理提供经验借鉴。

图书在版编目（CIP）数据

特高压直流工程建设管理实践与创新. 设备监造典型案例/国家电网公司直流建设分公司编. —北京：中国电力出版社，2017.12

ISBN 978-7-5198-1592-9

Ⅰ. ①特⋯ Ⅱ. ①国⋯ Ⅲ. ①特高压输电–直流输电–电气设备–制造–案例 Ⅳ. ①TM726.1

中国版本图书馆 CIP 数据核字（2017）第 316831 号

出版发行：中国电力出版社
地　　址：北京市东城区北京站西街 19 号（邮政编码 100005）
网　　址：http://www.cepp.sgcc.com.cn
责任编辑：袁　娟（010–63412561）
责任校对：闫秀英
装帧设计：张俊霞　左　铭
责任印制：邹树群

印　　刷：北京大学印刷厂
版　　次：2017 年 12 月第一版
印　　次：2017 年 12 月北京第一次印刷
开　　本：787 毫米×1092 毫米　16 开本
印　　张：12.25
字　　数：276 千字
印　　数：0001—2000 册
定　　价：110.00 元

《特高压直流工程建设管理实践与创新》丛书

编 委 会

主　　　任	丁永福
副　主　任	成　卫　赵宏伟　袁清云　高　毅　张金德
	刘　皓　陈　力　程更生　杨春茂
成　　　员	鲍　瑞　余　乐　刘良军　谭启斌　朱志平
	刘志明　白光亚　郑　劲　寻　凯　段蜀冰
	刘宝宏　邹军峰　王新元

本 书 专 家 组

石　岩　程　林　李　明　曹燕明　程焕超　杨　勇　陈红日
张振乾　梁　杰　杨精刚

本 书 编 写 组

组　　　长	袁清云
副　组　长	郑　劲　孙中明
成　　　员	（排名不分先后）
	王　岳　尤少华　张　宇　张卫东　李志强
	梁红胜　冯怡雪

序 言

  建设以特高压电网为骨干网架的坚强智能电网，是深入贯彻"五位一体"总体布局、全面落实"四个全面"战略布局、实现中华民族伟大复兴的具体实践。国家电网公司特高压直流输电的快速发展以向家坝—上海±800kV特高压直流输电示范工程为起点，其成功建成、安全稳定运行标志着我国特高压直流输电技术进入全面自主研发创新和工程建设快速发展新阶段。

  十年来，国家电网公司特高压直流输电技术和建设管理在工程建设实践中不断发展创新，历经±800kV向上、锦苏、哈郑、溪浙、灵绍、酒湖、晋南到锡泰、上山、扎青等工程实践，输送容量从640万kW提升至1000万kW，每千千米损耗率降低到1.6%，单位走廊输送功率提升1倍，特高压工程建设已经进入"创新引领"新阶段。在建的±1100kV吉泉特高压直流输电工程，输送容量1200万kW、输送距离3319km，将再次实现直流电压、输送容量、送电距离的"三提升"。向上、锦苏、哈郑等特高压工程荣获国家优质工程金奖，向上特高压工程获得全国质量奖卓越项目奖，溪浙特高压双龙换流站荣获2016年度中国建设工程鲁班奖等，充分展示了特高压直流工程建设本质安全和优良质量。

  在特高压直流输电工程建设实践十年之际，国网直流公司全面落实专业化建设管理责任，认真贯彻落实国家电网公司党组决策部署，客观分析特高压直流输电工程发展新形势、新任务、新要求，主动作为开展特高压直流工程建设管理实践与创新的总结研究，编纂完成《特高压直流工程建设管理实践与创新》丛书。

  丛书主要从总结十年来特高压直流工程建设管理实践经验与创新管理角度出发，本着提升特高压直流工程建设安全、优质、效益、效率、创新、生态文明等管理能力，提炼形成了特高压直流工程建设管理标准化、现场标准化作业指导书等规范要求，总结了特高压直流工程建设管理典型经验和案例。丛书既有成功经验总结，也有典型案例汇编，既有管理创新的智慧结晶，也有规范管理的标准要求，是对以往特高压输电工程难得的、较为系统的总结，对后续特高压直流工程和其他输变电工程建设管理具有很好的指导、借鉴和启迪作用，必将进一步提升特高压直流工程建设管理水平。丛书分标准化管理、标准化作业指导书、典型经验和典型案例四个系列，共 12 个分册 300 余万字。希望丛书在今后的特高压建设管理实践中不断丰富和完善，更好地发挥示范引领作用。

特此为贺特高压直流发展十周年，并献礼党的十九大胜利召开。

2017 年 10 月 16 日

前　言

　　自2007年中国第一条特高压直流工程——向家坝–上海±800kV特高压直流输电示范工程开工建设伊始，国家电网公司就建立了权责明确的新型工程建设管理体制。国家电网公司是特高压直流工程项目法人；国网直流公司负责工程建设与管理；国网信通公司承担系统通信工程建设管理任务。中国电力科学研究院、国网北京经济技术研究院、国网物资有限公司分别发挥在科研攻关、设备监理、工程设计、物资供应等方面的业务支撑和技术服务的作用。

　　2012 年特高压直流工程进入全面提速、大规模建设的新阶段。面对特高压电网建设迅猛发展和全球能源互联网构建新形势，国家电网公司对特高压工程建设提出"总部统筹协调、省公司属地建设管理、专业公司技术支撑"的总体要求。国网直流公司开展 "团队支撑、两级管控"的建设管理和技术支撑模式，在工程建设中实施"送端带受端、统筹全线、同步推进"机制。在该机制下，哈密南–郑州、溪洛渡–浙江、宁东–浙江、酒泉–湘潭、晋北–南京、锡盟–泰州等特高压直流工程成功建设并顺利投运。工程沿线属地省公司通过参与工程建设，积累了特高压直流线路工程建设管理经验，国网浙江、湖南、江苏电力顺利建成金华换流站、绍兴换流站、湘潭换流站、南京换流站以及泰州换流站等工程。

　　十年来，特高压直流工程经受住了各种运行方式的考验，安全、环境、经济等各项指标达到和超过了设计的标准和要求。向家坝–上海、锦屏–苏州南、哈密南–郑州特高压直流输电工程荣获"国家优质工程金奖"，溪洛渡–浙江双龙±800kV 换流站获得"2016～2017年度中国建筑工程鲁班奖"等。

　　《设备监造典型案例》共分两部分，第一部分为设备质量问题，内容包括换流变压器、换流阀、平波电抗器、控制保护、组合电器、交流断路器、调相机以及其他直流工程常用设备研制过程发生的问题案例，共计 411 例；第二部分为大件运输，内容包括复龙、锦屏、哈密、郑州、灵州、湘潭换流站发生的 6 例由天气气候、车路状况、集中到货等方面因素造成的大件运输难题，针对具体问题介绍处理措施。

本书在编写过程中，得到工程各参建单位的大力支持，在此表示衷心感谢！书中恐有疏漏之处，敬请广大读者批评指正。

编　者

2017 年 9 月

特高压直流工程建设管理实践与创新
——设备监造典型案例

目　录

第一部分

设 备 质 量 问 题

第一章 质量问题概述

特高压直流工程建设如火如荼，自向上工程始，已成功建设投运 7 项特高压直流工程。为进一步总结工程设备研制经验，加强设备质量风险预控，减少"常见病、顽固病、多发病"的发生，为后续工程提供指导，本书统计了向上、锦苏、哈郑、溪浙、灵绍、酒湖、晋南 7 个特高压直流工程设备制造过程中发现的质量问题，并进行总结梳理，提出了后续工程质量管控重点和风险预防措施。

经过梳理，7 个特高压直流工程换流变压器在制造过程中共计发现质量问题 409 例，其中换流变压器 206 例，换流阀 49 例，平波电抗器 24 例，控制保护 81 例，气体绝缘全封闭组合电器（gas isolated switchgear，GIS）、断路器 27 例，调相机 6 例，其他设备 16 例。各设备具体问题分类统计如表 1-1 所示。

表 1-1　　　　　　　　　　设备质量问题分类统计表

设备类别	设计问题	原材料、组部件问题	工艺问题	调试试验问题	其他问题	合计
换流变压器	26	60	111	8	1	206
换流阀	6	30	9	4	0	49
平波电抗器	/	11	11	/	1	23
控制保护	/	/	/	81	/	81
GIS、断路器	/	11	12	4	/	27
调相机	/	3	2	1	/	6
其他设备	3	3	5	5	/	16

第二章 换流变压器

第一节 产品设计问题

1. 阀出线装置绝缘裕度不足

问题描述：××工程国外某台高端换流变压器直流外施耐压试验放电。同年 11 月，国内制造某台高端换流变压器出厂试验，进行包括局部放电测量的外施直流电压耐受试验，要求试验电压 1246kV，试验时间 120min，当试验进行到 36～41min 期间出现大于 5000pC 的放电脉冲个数 2 个（13 979pC）；在试验时间进行到 75min 时，换流变压器油箱外部下端接地部位发生放电，有清脆的响声和火花现象，试验停止。检查发现换流变压器油箱下部运输用的底架吊拌处有明显放电的痕迹，放电的位置在阀 b 的升高座内部位置，均压环沿纸筒内壁对升高座内中间金属支架环放电。具体见图 2–1～图 2–4。

原因分析：直流阀侧出线绝缘装置绝缘结构件的电场设计绝缘裕度不够大，处于耐压的临界值，不足以覆盖绝缘处理的分散性，如油的清洁度（油中颗粒度含量）、绝缘干燥、热油循环、脱气、真空注油以及可能的绝缘件质量瑕疵等不同带来的影响。

处理措施：阀侧升高座出线绝缘装置固定板加包绝缘；在阀侧升高座出线装置内加装一个角环（距原角环往上 150mm）；更换阀侧 b 端出线均压球，更换阀侧 a、b 端升高座内出线绝缘纸筒；均压环外绝缘筒壁增加圆形角环、均压环电极涂白色特殊绝缘漆取代原来的黄色半导体漆以及将出线装置在法兰处的固定螺栓埋入金属环等措施。

处理结果：重新试验通过。

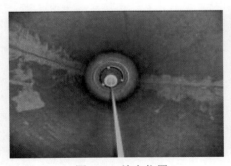

图 2–1 放电位置 1

图 2–2 放电位置 2

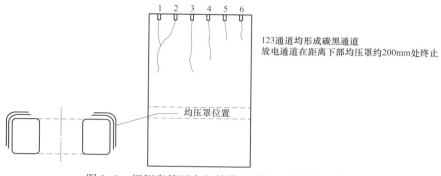

123通道均形成碳黑通道
放电通道在距离下部均压罩约200mm处终止

均压罩位置

图 2-3 阀侧套管下半部结构尺寸及故障部位示意图

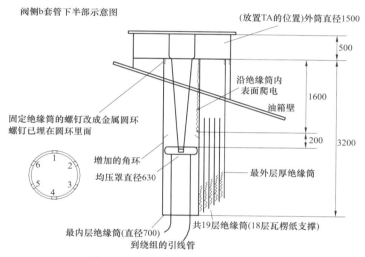

阀侧b套管下半部示意图

(放置TA的位置)外筒直径1500

500

沿绝缘筒内
表面爬电
油箱壁

1600

固定绝缘筒的螺钉改成金属圆环
螺钉已埋在圆环里面

200

3200

增加的角环
均压罩直径630

最外层厚绝缘筒

最内层绝缘筒(直径700)
到绕组的引线管

共19层绝缘筒(18层瓦楞纸支撑)

图 2-4 故障位置及闪络通道示意图

2. 网侧高压套管升高座屏蔽环固定处绝缘裕度偏小

问题描述：××工程某台低端换流变压器短时感应耐压试验进行到 680kV 第 25s，外部闪络放电，试验不合格。结合油样色谱分析结果，确定为换流变压器内部存在放电，换流变压器在吊出网侧高压套管升高座下部连接管后，在下部屏蔽管及均压环位置发现明显放电痕迹。具体见图 2-5～图 2-6。

图 2-5 下部屏蔽管位置的放电痕迹

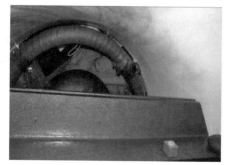

图 2-6 均压环位置的放电痕迹

原因分析：升高座屏蔽环固定处场强裕度偏小。

处理措施：套管升高座内紧固屏蔽环用的突出部件加大倒角，由 R2 增大到 R4；并增加一个厚约 0.8mm、长约 80mm 的环状覆盖角环；固定屏蔽环的螺栓由金属件改为绝缘件，尺寸由 M8 增大到 M10；在屏蔽环的固定位置处增加绝缘绕包纸厚度，并在屏蔽环和升高座的连接线上加包皱纹绝缘纸。

3. 阀侧线圈屏蔽线连接错误

问题描述：××工程某台高端换流变压器进行雷电冲击试验（全波），80%和100%的电流示伤波形发生明显变化，具体见图 2-7～图 2-8。

原因分析：经过检查发现阀侧线圈放电；检查设计文件发现，在生产图纸上的一个阀侧线圈的屏蔽线连接错误。

处理措施：修改设计图纸，改正错误接线。

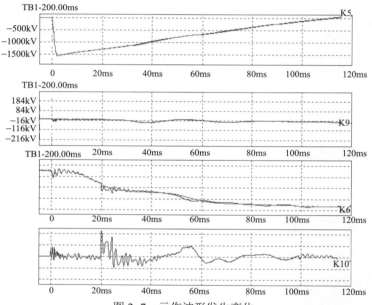

图 2-7　示伤波形发生变化

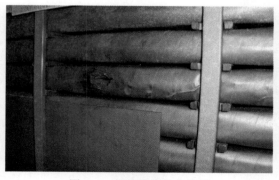

图 2-8　阀侧线圈放电位置

4. 升高座内部的固体绝缘裕度不足

问题描述：××工程某台高端换流变压器进行雷电冲击试验，电压加到100%电压、1550kV时，网侧套管升高座内部出现闪络，具体见图2-9。

原因分析：进行交流耐压试验时，超声波检测到放电位置发生在交流套管升高座内部。解体升高座后发现在升高座底部交流引出线均压环对油箱盖处有放电痕迹。

处理措施：对升高座内部的固体绝缘增加20%（即缠厚了20%的绝缘纸，如图2-10所示），更换交流套管升高座。更换升高座后，重新进行雷电冲击试验及剩余试验项目。试验顺利结束，试验结果满足合同要求。

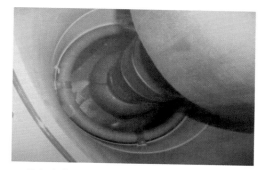

图2-9 升高座底部交流引出线均压环对油箱盖处放电痕迹

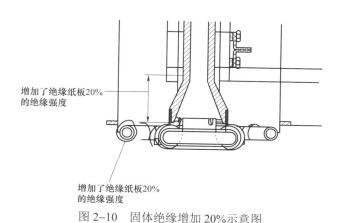

图2-10 固体绝缘增加20%示意图

5. 升高座连接螺栓断裂

问题描述：××工程某台低端换流变压器在抽真空中，当真空度至200Pa以下时，由于箱盖变形、网侧套管倾斜，网侧升高座外侧与油箱盖联接的螺栓（4只）断裂，具体见图2-11～图2-12。

原因分析：该处连接强度设计不足。

处理措施：① 增加箱盖法兰与升高座之间连接螺栓数量；② 螺栓由M12改为M16；③ 螺栓强度采用12.9级（原螺栓强度为8.8级）；④ 油箱内部器身上增加垫块，放置在器身与箱盖之间，以减小箱盖弹性变形时的位移量。

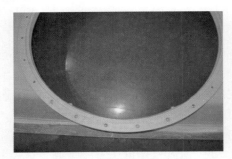

图 2-11　变更前螺栓布置

图 2-12　变更后螺栓布置

图 2-13　冷却器渗漏油处

6. 冷却器胀管渗漏油

问题描述：××工程连续 4 台换流变压器冷却器（诺尔达）存在渗油现象，见图 2-13。

原因分析：是冷却器改为不锈钢结构后，试制初期，工艺不成熟。无缝钢管的硬度和几何精度达不到胀管的工艺要求，虽然通过了生产厂家的渗漏检查，但产品出厂后，由于弹性回复导致间隙产生，发生渗漏。

处理措施：将无缝管改为有缝管并对无缝管返厂焊接返修处理。

7. 引线夹余度不足等造成试验放电

问题描述：××工程某台高端换流变压器阀侧外施交流耐压试验时发生内部放电。检查发现分接引线（从上向下数第三件）导线夹和导线夹左侧绝缘螺杆有放电痕迹。返修后再次该试验，本体内部再次发生放电。先后出现 3 个放电信号，位置分别在阀侧套管 b、阀侧套管 a 及分接引线。在原放电部位的下方，再次找到放电痕迹，见图 2-14。

图 2-14　引线放电处

原因分析：阀侧套管 a、b 存在质量缺陷。故障位置绝缘螺杆存在质量缺陷。分接引线设计裕度偏低。

处理措施： 更换阀侧套管 a、b。更换故障点及周围绝缘件。分接线导线夹结构改进。

8. 线圈设计错误导致空载损耗严重超标

问题描述： ××工程某台低端换流变压器进行绝缘试验前空载试验，当电压升至 65%U_r 左右时，额定分接空载损耗测量值达 808.3kW。

原因分析： 根据图纸并经检查核实，此问题属于设计错误。设计图纸错误地将 108 段（连续段，两根换位导线并绕，亦是两根换位导线与 8 根组合导线连接段）设计线匝为 5/4（最多处 5 根导线，最少处 4 根导线）排列，致使 A、B 两根导线连接套筒相互错位，造成导线 A 多绕 28/44 圈，导线 B 多绕 16/44 圈。

处理措施： ① 设计图纸修正。将 108 段设计线匝改为为 4/3（最多处 4 根导线，最少处 3 根导线）排列。② 吊器身→器身脱油→器身卸压→解阀线圈外围屏→试验检测确定不平衡线匝→剪断阀线圈第 108 饼多绕的线匝→接头焊接后再次试验检测确定→阀线圈外围屏装复→阀引线装复→后续按工艺流程进行器身干燥、总装配及真空注油、产品试验。处理后产品出厂试验合格。

9. 额定分接负载损耗、最大分接短路阻抗超标

问题描述： ××工程某台高端换流变压器试验中发现，额定分接和最小分接负载损耗，最大分接短路阻抗测量数据不符合技术协议要求。额定分接负载损耗标准值：975kW，实测值：988.87kW；最大分接短路阻抗标准值 19±0.8%，实测值：20.05%。后续 4 台产品均有此类问题。

原因分析： 鉴于 5 台产品均有此类问题，属共性问题、设计问题。过程原因是投标时，对国家电网公司招标文件的最大分接短路阻抗提出差异，此项标准没有完全接受，提出差异。实际生产试验测量值与投标文件符合。负载损耗投标值未确认为保证值，按 IEC 和国家标准，允许有 15%的偏差，实测值在标准允许范围内。

处理措施： 本工程按投标文件指标和标准验收。

10. 线圈组装外径超差

问题描述： ××工程某台低端换流变压器柱 I 线圈组装时，当调压线圈围装第 1 层纸板后，检测发现其外径超差（偏大 16mm）。

原因分析： 主要是设计未考虑到调压线圈绕制过程中因绕线角环及端部绝缘纸带缠包等因素，致使第 1 层撑条围装后其外径尺寸较设计值超差。

处理措施： 重新整理调压线圈端部缠包的绝缘，同时将调、网间撑条厚度刨去 1mm（调、网间共 10 层撑条均由 8mm 改为 7mm）。处理后其外径尺寸满足设计要求。

11. 引线预留长度较长，套管安装不能到位

问题描述： ××工程某台低端换流变压器总装配过程中，当安装阀套管时，发现过渡接头安装不能到位，即套管安装不能到位。

原因分析： 产品预装配时，因套管尚未到货，未能预装发现问题；引线预留长度不合适（按设计图纸预留长度，4 根 325mm² 铜缆线在 ϕ120mm 屏蔽管内沉降受限），套管安装时引线与过渡接头连接后沉降不能到位，致使套管安装时不能到位。

处理措施：将引线截短 100mm，重新压接引线接头。处理后套管安装到位。

12. 阀线圈整圆高度不一致

问题描述：××工程某台高端换流变压器阀线圈绕至 51 段时，发现线圈整圆高度不一致。

原因分析：属设计问题，"K"换位未沿圆周均匀分布，大部分分布在 28～38 撑条方位，造成线圈整圆高度不一致（此方位较其他方位偏高）。

处理措施：① 修改设计图纸，沿圆周均匀分布"K"换位。② 倒回 21～51 已绕线段，按修改设计图纸绕线，线圈整圆高度一致，符合工艺要求。

13. 阀套管升高座支撑件处过热

问题描述：××工程某台高端换流变压器温升试验时发现阀套管 2.1 和 2.2 之间的支撑件上端，在 10min 内温度上升 230℃，见图 2-15。

原因分析：阀套管 2.1 和 2.2 之间的支撑件上端没按要求安装绝缘垫，造成油箱壁、两个阀侧升高座和升高座支撑件之间形成短路环，当套管中有电流流过时，此短路环内形成电流环流，导致发热。

处理措施：在支撑件上端按要求安装 4mm 绝缘纸板垫，并将原金属连接螺栓更换为绝缘螺栓。

处理结果：上述处理后，该处过热现象消失。

14. 升高座局部设计缺陷导致预局放试验局放超标

问题描述：××工程某台高端换流变压器绝缘试验前长时感应电压试验，当施加电压为 $0.8U_\mathrm{m}/\sqrt{3}$ 时，网局放量 600pC，超过标准要求（≤100pC）。通过定位排查，位置约位于柱 3 网侧，从器身内部看位于网侧 750kV 引线屏蔽管与网线圈端部附近。拆装检查发现在网线圈 750kV 出线附件（靠近阀套管侧的线圈柱）发现金属颗粒，在出头绝缘成型件及靠近网线圈上部静电板的第二层、第三层反角环转角处的内外表面发现放电痕迹。在静电板表面和线饼之间也发现金属颗粒。在放电部位未发现肉眼可见的金属颗粒，但不排除金属颗粒在放电时已烧蚀，见图 2-16～图 2-17。

原因分析：网侧出线屏蔽管（铝管）连接处结构设计缺陷，经过多次装配，螺纹产生金属颗粒，随着油流扩散到绝缘成型件和角环表面，在 ACLD 试验时发生放电。放电比较严重的区域主要位于网线圈端部第二层反角环的转角处，该处为高电场区。

图 2-15 升高座过热处

处理措施：通过研究，将原上、下两节屏蔽管的螺纹连接改为采用绝缘分隔，两段屏蔽管分别采用独立的等电位线引出在升高座内进行等电位联接。上节屏蔽管可利用原来的等电位线，在下节屏蔽管上增加一根等电位连接线，新增加的等电位线在下部直接利用均压球的固定螺栓，上部与原等电位线在一起与升高座通道的端子连接，利用原有的夹持结构保证稳固可靠。上述处理后回装处理，再次该试验通过。

图 2-16 改进前结构

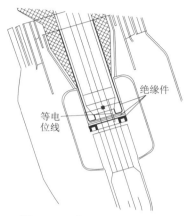

图 2-17 改进后结构示意图

15. 引线支架与夹件焊线干涉

问题描述：××工程某台高端换流变压器器身固定网出线的支架与夹件焊线干涉，致使支架安装不到夹件上，见图 2-18。

原因分析：设计上错误造成。

处理措施：将支架与夹件干涉的部分进行切割，同时后续将对本工程同样的结构件进行同样处理。经过检查确认，支架已按图纸尺寸安装到夹件上。

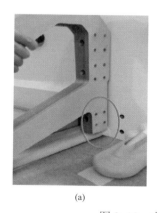
(a)

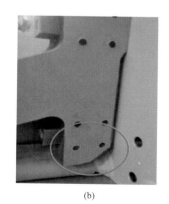
(b)

图 2-18 支架切割前后情况

（a）切割前；（b）切割后

16. 油箱机械强度试验时变形

问题描述：××工程某台低端换流变压器第一台油箱抽真空时变形过大，再次一次抽真空变形依旧过大。

原因分析：该产品箱盖采用拱形结构，分析认为箱壁变形原因为拱形箱盖强度不足，对箱壁支撑作用不够，而引起箱沿中部向内弯曲，导致箱壁变形量超标。

处理措施：设计下变更通知单，对箱盖外部增加 5 道加强筋，在箱盖内部沿长度方向增加两块加强版。箱壁采取加强措施，在调压侧箱壁和网侧箱壁每个槽型加强铁端部和箱沿之间增加两块竖板，增加了油箱的整体性能。重新进行机械强度试验，试验结果合格。

17. 冷却器设计容量偏小导致网绕组温升超标

问题描述：××工程某台低端换流变压器温升试验发现网侧绕组温升超过投标文件保证值，其中网绕组平均温升 55.5K（超标 2.5K），网绕组热点温升 69.7K（超标 3.7K）。

原因分析：冷却器运行工况存在理论和实际不相符的可能，分析主要原因是由于消声器影响以及风机自身风量不够，引起冷却器实际冷却容量不足，从而导致温升试验结果超标的异常现象。

处理措施：将冷却器风机由 DBF-10Q10 更改为容量较大的 DBF-10Q8。在后续低端换流变压器上更换冷却器后试验结果满足技术规范的要求（网侧绕组平均温升实测 49.1K，网侧绕组热点温升实测 62.4K，后续所有工号产品的冷却器均采用改进后的冷却器，见表 2-1。

表 2-1 更换风机前后各项数据对比

项　　目	要求值（K）	更换风机后实测值（K）	更换风机前实测值（K）	对比结果
总损耗下油面温升	<40	26.5	30.5	↓4
总损耗下油平均温升	/	21.5	25.4	↓3.9
网侧绕组线油温升	/	27.6	29.8	↓2.2
网侧绕组平均温升	<53	49.1	55.2	↓6.1
网侧绕组热点温升	<66	62.4	69.2	↓6.8
阀侧绕组线油温升	/	21.6	25.4	↓3.8
阀侧绕组平均温升	<53	43	50.9	↓7.9
阀侧绕组热点温升	<66	54.5	63.5	↓9

18. 导油管上未设计温度计座

问题描述：××工程某台低端换流变压器在准备进行温升试验时，发现冷却器集油盒与油箱连接的导油管联管共四根中，其中一侧上、下两根管（进油管和出油管）有温度计座，而另一侧两根没有温度计座。不符合 GB/T 20838《高压直流输电用油浸式换流变压器　技术参数和要求》中 6.5.4 的规定：当变压器采用集中冷却结构时，应在靠近油箱进出油口总管路装测温用的玻璃温度计座。同时现一侧只一个温度计座，也不符合温升测试时进出口温度取平均值的要求，会造成温度测量不准确。

原因分析：设计缺陷。

处理措施：14 台产品每台导油管进出口处均增加温度计座。

19. 铁心设计缺陷导致上铁轭片上窜

问题描述：××工程某台高端换流变压器器身预装下箱后发现，铁心柱Ⅱ调压侧部分上铁轭片发生上窜，上铁轭片上窜超出端面最大 4mm。同年，另一台高端换流变压器器身预装下箱后发现铁心柱Ⅰ、柱Ⅱ网阀侧侧均有部分上铁轭片发生上窜，上铁轭片上窜超出端面最大为 5mm（柱Ⅱ网阀侧末级）。同年，另一台高端换流变压器铁心吊入器身净化房准备器身装配时，落在校平的底座上时也发生上铁轭上窜问题，铁心柱Ⅱ调压侧上铁轭上窜 2mm，见图 2-19。

图 2-19 硅钢片上窜

原因分析：夹件吊拌位置设计不合理，起吊时，上夹件因柱Ⅰ、柱Ⅲ绕组重量在吊拌外发生变形，造成上铁轭片部分上窜。

处理措施：在高端上铁轭插装时，增加 10 片硅钢片（约 3mm）来增加夹紧力，并在夹件和上铁轭之间的夹件绝缘的空位处插入 "L" 型绝缘块，压在上铁轭末级片上，防止末级片上窜，效果良好。两台高端产品出炉压服整理时在夹件和上铁轭之间的夹件绝缘的空位处已插入 "L" 型绝缘块 16 个，铁轭片未再窜动，研究后认为两台产品上铁轭铁心片局部上窜对产品性能无影响，不再另行处理。

20. 冷却器油泵设计位置错误导致运行异常声响

问题描述：××工程某台高端换流变压器进行负载加热及热油循环时，发现冷却器油泵产生异常声响。

原因分析：系冷却器的入口压力在维持不变（以往工程）的情况下，冷却器的油管增多，扰游丝节距变小导致沿程阻力增大，另外油泵电机转速加大（由 6 级变化为 4 级），导致流量供应不足（满足不了额定流量要求），油泵部分空转造成机械性异常声响。

处理措施：将冷却器油泵安装位置由冷却器出口处变更为入口处理，并召开专题会对处理方案进行了讨论，确认方案可行性，冷却器油泵改动安装完成后验证，冷却器油泵运行无异常声响。

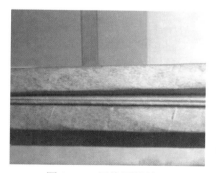

图 2-20 屏线压叠情况

21. 阀侧电磁线线规设计问题

问题描述：××工程某第二台低端换流变压器阀侧电磁线线规与第一台低端换流变压器存在差异，由单根夹屏线绕制改成两根夹屏线并绕，见图 2-20～图 2-22。

原因分析：第 1 台低端换流变压器线圈绕制过程中，内侧根与外侧根的卷绕半径不一致，导致外侧屏线拉伸的长度大于内侧，导致屏线出现错位、压叠现象。

处理措施：召开阀侧线圈线规变更技术讨论会，认可由单根夹屏线绕制改成两根夹屏线并绕的更改方案，以解决线圈绕制过程中屏线压叠的问题，改进方案后的产品总损耗基本相当，阻抗设计值与原方案的阻抗设计值相比，偏差小于 0.4%，允许后续低端换流变压器使用该方案来生产。

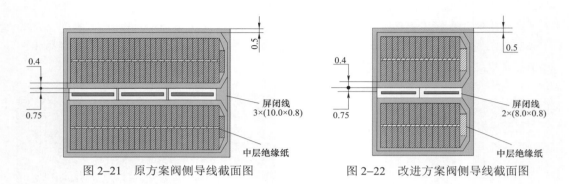

图 2-21　原方案阀侧导线截面图　　　　图 2-22　改进方案阀侧导线截面图

22. 阀侧套管座套设计偏差

问题描述：××工程某台低端换流变压器器身下箱总装配时，检查发现阀侧出线装置内座套内径与阀侧套管尾部连接轴外径适配尺寸偏差较大。

原因分析：套管座套图纸错误，套管供应商在本期工程更改了套管尾部连接轴外径，但设计人员完全按照前期工程图纸执行，在设计图纸技术交底过程中未能及时将设计联络单调整内容进行交底，导致阀侧出线装置内座套制作时内径按照更改前尺寸制作。

处理措施：重新制作阀侧出线装置座套进行整改安装。

23. 线圈引出线设计过短

问题描述：××工程某台低端换流变压器引线装配时发现，阀线圈上部引出线过短，需补充长度压接处理。

原因分析：设计长度与实际需要尺寸出现偏差。

处理措施：① 使用相同规格尺寸的引出线进行六角冷压接，增加 400mm 引出线长度。② 在压接过程中做好器身防护、压接筒表面毛刺处理，并用白布带半叠包扎，保证增加引出线与原引出线相同。

24. 调压引线设计不合理导致温升试验油箱过热

问题描述：××工程某台低端换流变压器进行温升试验（1.0p.u.），试验进行 1h 左右，热成像仪检查油箱热点温度，发现两柱中间调压引线处油箱上部及下部存在过热点，温度约 110℃左右。

原因分析：油箱热点位置对应油箱内部为调压引线中部布线端部位置，且热点分布图与调压引线在该位置的引线排布走向相同，判断出现温度异常原因为调压引线集中布置在油箱中部，布置不合理导致。

处理措施：由现双柱调压引线中部引出结构改为分别从两侧引出至分接开关结构，后续换流变压器温升试验中未出现因此导致过热现象。

25. 阀侧引线手拉手设计缺陷导致温升试验产气

问题描述： ××工程某台高端换流变压器温升试验 12h 时出现乙烯 13.5μL/L、乙炔痕量，16h 时乙烯 28.2μL/L、乙炔 0.8μL/L。2016 年 7 月 12 日 8:30 对该换流变压器本体上、中、下、网侧升高座、阀侧 A 升高座、阀侧 B 升高座、中性点升高座取油样分析。油样分析结果显示，除阀侧 B 升高座内的油中只有痕量的乙炔外，其余的油样中都有 1.8～1.9μL/L 的乙炔。根据"三比值"法，故障代码为 022，故障类型为高温过热（高于 700℃）。放油后进行箱内检查，打开阀绕组柱间下部连接屏蔽管（手拉手位置）检查发现引线有一处绝缘烧蚀点。检查其他部位未见异常，见图 2-23～图 2-24。

原因分析： 等位线连接螺帽与载流导线接触，在温升试验过程中，由于负载电流引起的振动，使该处绝缘破损，在漏磁通感应的电压下产生电流，引起局部温度过高，从而使油分解产气。造成直接接触的原因为：① 操作时，导线圆弧弧度太小；② 故障点导线明显低于同一组的其他线。

图 2-23 故障位置图

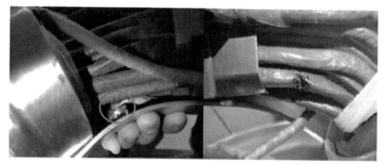

图 2-24 手拉手导线放电

处理措施： ① 设计提高：等位线螺帽在约 90°方向，加强支撑及绑扎方式（与溪洛渡修理 HVD600 相同），即加宽支撑垫块，在支撑垫块上开槽并绑扎以防止滑动。② 工艺改进：在相间连线过程中，采用辅助工装进行核实（辅助距离工装：屏蔽瓦块模板+螺杆+垫块），以确保螺钉表面到线圈导线的距离。采用合适冷压工具，使得相间连接的导线间排线更均匀紧凑、整个排线尺寸变小。对所有换流变压器按改进方案进行处理，未再次复现该问题。

26. 电缆选用错误导致夹件–铁心绝缘电阻通路

问题描述：××工程某台高端换流变压器在进行夹件绝缘电阻测量时发现通路（不合格），内检发现夹件接地电缆线的外包绝缘开裂，内部金属线与铁心接触形成夹件通路。

原因分析：图纸选用错误，此电缆线不耐高温。

处理措施：对所有缺陷的接地线进行更换。

第二节 原材料/组部件问题

1. 绝缘件不清洁导致局放超标

问题描述：××工程某台高端换流变压器进行阀侧交流外施试验时局放量达 2000pC，解体检查，发现底部绝缘支架和成型件上有放电痕迹，见图 2-25～图 2-27。

原因分析：放电原因主要是材料本身不清洁。

处理措施：更换受损绝缘件。

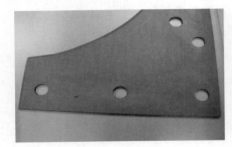

图 2-25 底部绝缘支架放电痕迹

图 2-26 成型件放电痕迹

图 2-27 更换放电绝缘件

2. 绝缘材料不清洁导致局部放电超标

问题描述：××工程某台高端换流变压器做阀侧交流外施耐压试验同时局放测量试验。试验电压为 902kV，开始一段时间局放为 20pC 左右；当耐压试验进行到大约 7min 时，局放突然聚升到 750pC 以上，中间没有渐变过程。电压在 902kV 又持续了 30s 左右，局放量仍在 750pC 以上，最高达到 25 000pC。

原因分析：施加不同的试验电压（700kV 或 450kV），以激励换流变压器的局部放电达到 1000pC，通过在换流变压器的不同位置进行超声波检测和油气分析，并根据不同位置的局部放电值，经过多次试验，确定放电位置在变压器内部 a 导管附近。进入箱体进行检查，发现导管 a 有些纸板托架胶水粘合层多处开裂，在表面有放电痕迹；返修后试验仍不合格，进一步检查，发现故障原因为 C2 线圈顶端均压环下面的绝缘层为局放源头，绝缘纸局放后，同时破坏了紧挨着的线圈顶层中间 8 圈铜线的绝缘纸。纸板绝缘材料不清洁是造成局部放电的根本原因。

处理措施： 更换放电区域的绝缘、间隔等部件，线圈内部绝缘层；线圈外部屏蔽层；线圈每层里面和顶端的凹型固定绝缘件；层间间隔；绝缘筒（整个线圈外面）；顶端的静电环；线圈每层外面的凹型固定绝缘件。

3. 绝缘成型件缺陷导致放电

问题描述： ××工程某台高端换流变压器绝缘试验前长时感应电压试验时发生内部放电。解体检查发现调压线圈上部绝缘筒外表面和第一层围屏对应部位有明显放电痕迹。相对应范围内两层撑条有碳化点，见图2-28。

原因分析： 认为柱1故障位置绝缘筒材料存在缺陷或异物。

处理措施： 更换有缺陷的及周围绝缘件，更换柱1调压侧和柱2高压侧上部磁压板。后续要加强绝缘成型件的入厂检验，杜绝不合格品流入生产；同时加强现场工艺纪律管理，净化生产环境，防止材料受到污染。

图2-28　有缺陷的绝缘材料

4. 绝缘角环缺陷导致局部放电超标

问题描述： ××工程某台高端换流变压器进行绝缘试验前长时感应电压试验（ACLD），当电压施加至1.3倍电压时，局放量为400～500pC。之后反复进行此项试验，局部放电量均超过标准要求，并有乙炔气体产生产品解体检查。2013年9月30日，上铁轭拆除前，检查铁芯表面，未见异常。当拆至主级第二级时，在柱2与柱1间磁屏蔽压板上部纸圈上看到1处长约10mm、宽5mm的焦糊现象。在拔除柱3线圈时，发现磁屏蔽下部有开裂现象。网线圈角环有被熏黑痕迹，调压线圈对应网出头位置纸板上部有焦煳现象。

原因分析： 角环本身可能存在缺陷，角环安装过程中操作不当，或操作过程中有污染现象。

处理措施： 更换柱3调压线圈至网线圈之间的全部绝缘件，更换柱3阀线圈5mm厚纸板筒。后续加对进厂原材料的管控，严格器身装配工艺要求，对产品制造过程责任细化，排除产品制造过程出现的操作问题，避免影响试验的各种可能情况。

5. 绝缘螺杆缺陷导致阀侧交流耐压试验内部放电

问题描述： ××工程某台高端换流变压器（G170025/10），阀侧交流耐压试验当电压升至912kV，约1min时，变压器内部传来异常声响，并伴随电压下降，随后变压器油样分析显示油中有乙炔产生。随后对阀侧进行了交流耐压诊断试验，电压升至高端时未发现异常，其局放监测正常；直流电阻测量、变比测量、空载试验及阀侧套管测量均正常；油箱与夹件绝缘为零。

原因分析： 吊芯检查发现，放电由柱3线圈外层与调压分接2、4引线间经绝缘螺杆放电，疑是由于绝缘螺杆局部缺陷或污染而导致的局部放电。

处理措施： 清理、修复并更换损坏部分包括：① 直流绕组外围屏。更换第二、第三柱

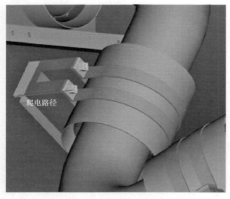

图 2-29 爬电路径

故障处的最外层围屏。② 引线支架区域：更换所有有放电痕迹的支架及其螺杆和螺帽。③ 调压引线：清除有放电痕迹的纸绝缘，重新绕包至规定尺寸。

6. 绝缘螺杆螺母污染导致局部放电超标

问题描述：××工程某台高端换流变压器阀交流外施耐压试验及局部放电测量时，应施加试验电压 912kV，当试验电压施加到 300kV 左右时出现局部放电，540kV 时局部放电量达 20 000pC，远超过标准值（100pC），产品外部听到轻微的放电声，取油样，内部有微量乙炔气体，见图 2-29～图 2-31。

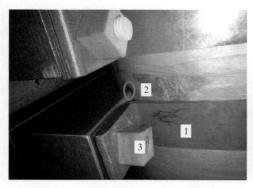

图 2-30 最外层纸带外表面放电痕迹

图 2-31 放电痕迹沿环氧玻璃丝螺帽和螺杆

原因分析：通过进箱检查，发现阀 a 端屏蔽管中间固定支座上一根玻璃丝螺杆、螺母及相邻的绝缘纸筒最外层和绝缘抱箍表面有放电痕迹（共 3 处）。经过分析认为玻璃丝螺杆或螺孔在制造过程中受到污染，引起试验时放电造成的，系个案问题。

处理措施：将故障的玻璃丝螺杆、螺母、绝缘纸筒、绝缘抱箍进行了更换，进行成品处理，重新进行阀交流外施耐压试验及局放测量试验，施加试验电压 912kV，局部放电量为 90pC，符合标准要求。加强对此处绝缘件的外协加工、入厂检验、转运等过程的管控，保证绝缘件的清洁。改进结构，将靠近阀侧出线的玻璃丝螺母倒圆。

7. 纸板问题导致修复后 ACSD 试验放电故障

问题描述：××工程某台高端换流变压器原绝缘前长时感应试验发生放电经过修理后（更换该柱器身上、下公用端绝缘、调压线圈和网侧线圈），再次进行绝缘前长时感应试验通过。进行短时感应试验时发生放电，试验后上部乙炔含量为 121.71μL/L。经过超声定位和损耗测量分析，判断故障仍发生在上次故障的Ⅲ柱上。器身拆解检查发现柱Ⅲ网线圈处紧贴线圈表面的一层纸板多处出现放电击穿痕迹（纸板上有气泡），且线圈下部的一根导线有击穿绝缘后露铜的现象，见图 2-32。

原因分析：分析认为，该问题是绝缘纸筒的质量问题，导致其在绝缘试验中疲劳受损，短时感应试验时纸筒内表面贯穿性爬电。

（a）

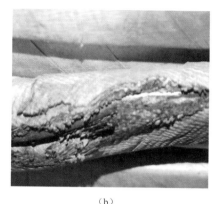
（b）

图 2-32　网线圈第一层纸板及线圈导线击穿露铜

（a）网线圈第一层纸板；（b）线圈导线击穿露铜

处理措施： 更换Ⅲ柱的阀、网、调线圈以及全部绝缘件，对纸筒、撑条等绝缘材料加强抽检工作。复试全部出厂试验通过。

8. 层压纸板质量缺陷导致 ACSD 试验故障问题

问题描述： ××工程某台低端换流变压器进行短时感应耐压试验时，电压升至 0.25 倍时，局放量达到 140pC 左右，开始进行局放量异常原因排查，12 月 1 日早取主体中部油样进行化验，结果为，乙炔：$0\mu L/L$，乙烯：$0.70\mu L/L$，总烃：$1.52\mu L/L$。吊心检查发现故障点在柱 1 调压侧，调压引线标号 18 的引线下部有放电痕迹，在对应上压板上也发现有放电痕迹。

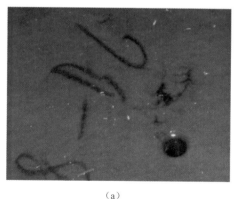
（a）

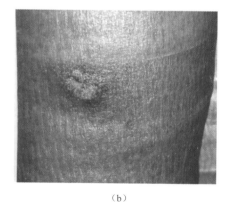
（b）

图 2-33　上压板故障点及调压引线表面故障点

原因分析： 综合试验现象及检查结果，分析认为，造成此次短时感应试验异常的根本原因为：故障层压纸板存在质量缺陷，在进行短时感应试验时，此处缺陷与调压引线之间发生了放电，导致层压纸板及调压引线绝缘都有放电现象。

处理措施： ① 将受损的引线绝缘全部拆掉，重新包扎干燥合格的绝缘纸；② 将受损的上压板拆掉，使用合格干燥的上压板进行更换；③ 按照以上方式处理后，进行恢复，安装升高座及套管，抽真空、注油、静放，并再次做出厂试验，再次试验时 ACSD 发生放电。

9. 层压纸板质量缺陷导致 ACSD 试验放电问题

问题描述: ××工程某台低端换流变压器 ACSD 放电故障修复后再次试验时,当电压升至 680kV 后降至 $1.5U_m/\sqrt{3}$ 时出现局部放电信号,局部放电量约 500pC,保持 20min 局部放电信号不熄灭,熄灭电压为 $1.0U_m/\sqrt{3}$。重新升压至 $1.5U_m/\sqrt{3}$,局放信号仍然存在。试验后油色谱出现乙炔:2.14μL/L。根据试验现象及油样结果,排本体变压器油,拆附件后,吊箱盖进行检查,检查发现在柱 2 网侧出头与夹件之间的隔板有放电痕迹,此隔板安装在上压板的槽口内。为进一步确认故障点,安排将器身吊出油箱进行脱油处理并拆解线圈,进一步检查发现柱 2 上压板其中一处层压位置与网侧出头的隔板接触处以及上压板下部 PSP 纸板对应位置有放电痕迹。调压线圈上部角环发现放电痕迹。对上压板进行了解剖,在其放电位置表面及内部发现有小孔及放电痕迹。对发现放电痕迹的相关绝缘件故障区域取样,送第三方进行成分分析,未发现金属成分,见图 2-34~图 2-36。

原因分析: 在进行短时感应试验时,因故障层压纸板存在气孔缺陷,导致在进行短时感应试验时,从层压纸板缺陷位置开始发生放电,放电发展后向调压线圈隔板位置及以下部分延伸至调压线圈上部角环。在第一次短时感应试验时,该故障隐患已经存在,由于首次试验电压加至 $0.77U_m/\sqrt{3}$ 时调压侧局放故障点已出现,随后电压加至 $1.0U_m/\sqrt{3}$ 确认异常后,便终止了试验,故该故障隐患未被及时发现。

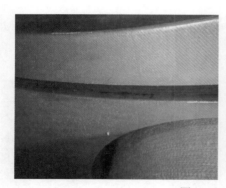

图 2-34　纸板放电

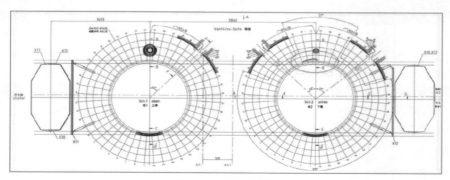

图 2-35　放电区域

图 2-36　放电层压纸板

处理措施：拆解所有线圈，对所有线圈逐饼检查、清洁；更换两柱上下部套装相关绝缘件，网、阀侧线圈之间及阀侧线圈外绝缘件，阀侧引线支撑，手拉手支撑，阀侧出线装置，以及其他受损绝缘件。复试试验通过。

10. 绝缘材料质量缺陷导致阀侧交流外施局部放电超标

问题描述：××工程某台低端换流变压器出厂试验，在进行阀侧长时交流外施试验过程中局部放电量超标。经开启 4 组油泵并进行热油循环后，复试阀侧交流外施耐压试验，第一次施加电压 481kV 约 2.5min 后局部放电量 2000～2800pC，铁心 4800pC，夹件 4300pC。多次施加电压，最长持续 18.5min，局部放电量起始。然后进行超声定位，发现调压上下分接线连接区域有超声信号，见图 2-37。

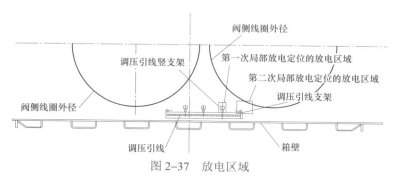

图 2-37　放电区域

原因分析：经过排查，分析认为局部放电主要原因是绝缘螺杆出头较长及绝缘材料本身分散性引起。

处理措施：为避免因绝缘材料分散性和制造过程控制的因素造成的局部放电，进行了绝缘材料第三方抽检；更换调压引线上下连线周围所有绝缘支架及绝缘紧固件，调整绝缘支架-油箱间距离，复装变压器，复试试验通过。

11. 均压球缺陷导致阀交流外施耐压试验放电问题

问题描述：××工程某台高端换流变压器阀交流外施试验时，施加电压 914kV，持续 5min，阀套管 a 局部放电值 50pC，阀套管 b 局部放电值 200～230pC，不满足技术协议要求（≤95pC）。通过定位大概确认放电方位在柱Ⅰ与柱Ⅱ下部手拉手位置处。之后排油、吊芯检查器身，未发现异常。器身脱油，将柱Ⅱ调、网、阀线圈全部拔出检查，未发现问题；柱Ⅱ下部磁屏蔽及网、阀线圈下部反角环 X 光检查，未发现问题。经研究，分析可能在柱Ⅱ网线圈、阀线圈外部围屏、下部端圈以及柱Ⅱ下铁轭绝缘件有瑕疵，做更换处理。再次阀侧外施耐压试验，在 914kV 电压 2min40s 时局部放电超屏，并伴有三次"啪"的声响，随即按急停，降电压。阀套管 b 处产生大量特征气体，总烃 2328μL/L、乙炔（C_2H_2）1287μL/L、氢气（H_2）3106μL/L。随后进行了超声定位，定位位置在靠近阀侧 b 出线装置的器身下部。经过排油内检，发现阀出线装置发生击穿，击穿路径为：阀均压球内球上表面→阀均压球外球上部及外表面→阀出线装置内部成型件→阀出线装置内表面→阀出线装置上部钢制固定板，见图 2-38～图 2-39。

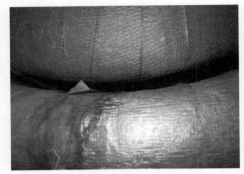

图 2-38　阀均压球内球上表面　　　　图 2-39　阀均压球外球上部及外表面

原因分析：初步分析可能为阀侧出线装置存在缺陷或工艺处理不到位，在首次阀侧交流外施耐压试验局部放电超标，经过多次处理后，该处缺陷扩大，阀侧交流外施耐压试验发生放电。

处理措施：器身脱油，柱 3 阀绕组拆装，更换阀 a 和阀 b 均压球的全部绝缘，更换已损坏的阀 b 出线装置，以及柱 3 下端部分绝缘件。复试试验通过。

12. 绝缘纸板没有标识

问题描述：××工程某台低端换流变压器阀 2 线圈在线圈组装时，围制的纸板没有标识，没有进口瑞士魏德曼纸板标识（WEIDMANN），不符合技术协议要求。

原因分析：绝缘车间提供材料粗心，线圈车间检验不认真造成的。

处理措施：不符合要求的纸板替换为进口瑞士魏德曼纸板。

13. 垫块尺寸不满足要求

问题描述：××工程某台高端换流变压器在进行线圈材料检查时发现平口垫块尺寸小于设计尺寸。

原因分析：设计要求 80mm，实际 70mm，不满足设计要求。

处理措施：立即全部更换。

14. 垫块材质不良导致阀侧交流外施试验局部放电超标

问题描述：××工程某台低端换流变压器阀侧交流外施耐压试验，电压升至 479kV，

4min前局部放电量40pC左右，4min后局部放电量开始上升，直至300pC左右，约20min后试验停止（熄灭电压$0.5U_m$）。在ACSD、ACLD及长时空载试验后，再次进行阀侧交流外施耐压试验时电压升至$0.7U_m$，局部放电250～300pC（熄灭电压$0.5U_m$）。其变化趋势：起始电压随加压次数逐渐下降，熄灭电压无变化，放电波形中根数逐渐增加。经定位：第1次定位判定故障部位在上部阀引线套管连接段（离箱盖约1700mm，离调压引线侧箱壁约700mm，即现场纸包段）；第2次判定故障部位在柱Ⅰ上端部调节压板下部范围（距箱盖约600mm，距阀出线侧壁约2800mm，距调压引线侧箱壁约1400mm）。拆卸故障部位调节压板后检查，未发现放电痕迹及其他异常。① 分析认为可能是上铁轭地屏（矩形）覆盖面不够，阀绕组因铁心柱圆形出现屏蔽空缺面，造成地屏边缘微小能量放电。② 在地屏靠（铁心柱侧）边缘（共4处）加装屏蔽棒（线）。第1次返修后复试：10月9日，在进行电压比及联接组标号检定、直流电阻测量、绕组对地绝缘电阻测量、绕组对地及绕组间电容和介损测量后进行阀侧交流外施耐压试验（a端加压，b端悬空），当电压升至355kV时，放电量：a端800pC，b端110pC，5min后a端降至600pC，基本符合传递比，电压升至479kV后局放无明显变化，熄灭电压235kV。改变接线（b端加压，a端悬空），再次升压，局放起始电压285kV时，放电量a端660pC，b端70pC，40min内无明显变化，60min后略有减小，熄灭电压235kV。放电形态与返修前基本相同，与返修前比较，放电量增长，放电根数增多。超声定位，放电部位所在范围与返修前定位判定相同。拆柱1上部角环，发现调压引线侧靠旁柱侧阀绕组内角环（约在上部1～2段线饼位置）有明显放电点（一面点状，深约近1mm；另一面亦有放电电痕迹），见图2-40～图2-41。

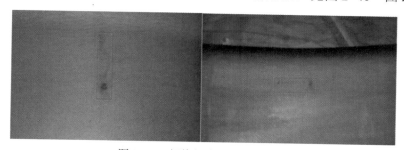

图2-40 阀绕组内角环放电痕迹

图2-41 绕组间垫块放电痕迹

吊拔柱 1 阀线圈后检查，发现 19 主撑条（从上部出线开始）的上部第 1～2 线段间垫块发现放电点。

原因分析： 根据绝缘件送检局部放电试验报告结论：故障变替换下来的垫块共计 6 件试验样本在场强较低情况下就产生较大局部放电量，线段间垫块材质不良为故障原因。

处理措施： ① 更换柱 1 阀线圈内侧 5 主条及各自相邻两侧副条；② 更换柱 1 阀线圈段间垫块 7 块，即放电故障点 1 块及相邻上下各 2 块和左右各 1 块；③ 更换有放电痕迹的角环和拆卸时损伤或有污迹的角环、端圈、撑条。

15. 线段间垫块材质不良导致阀侧交流外施试验局部放电超标

问题描述： ××工程某台低端换流变压器阀侧交流外施耐压试验，电压升至约 450kV 时有干扰信号；将 a、b 端断开分别接阻抗，处理储油柜外围后升压正常，局部放电量 45～50pC；479kV、8min 时，a 端有大根放电闪烁，不稳定，局部放电量 500pC 左右。10min 稳定后，局部放电量随时间有增长趋势，因升压至发现直流分压器接地线有放电信号，停电处理，熄灭电压约 410kV；处理后再次升压至 479kV 时放电依然存在，最大放电量 1300pC 左右；后在定位过程中，起始电压和熄灭电压逐渐降低。

定位检测障部位有 2 处，均在柱Ⅱ上端部。① 阀引线侧靠柱Ⅰ方位压板下部范围（距箱盖约 1100mm，距开关侧壁约 5000mm，距阀引线侧长壁约 950mm）；② 调压引线侧靠柱Ⅰ方位压板下部范围（距箱盖约 706mm，距开关侧壁约 3800mm，距调压引线侧长壁约 950mm）。拆柱 2 上部阀绕组角环，发现调压引线侧靠柱 1 间阀绕组内角环（约在上部 1～2 段线饼位置）有明显放电点（一面点状，深约近 1mm；另一面爬电状，相对应第 2 层角环亦有爬电痕迹）。

解剖有放电点角环，发现两放电点间于角环（3mm 厚）粘合层中间呈单根线状贯穿连通。吊拔柱 2 阀线圈后检查，发现 3 处放电点，均为线段间垫块。① 在 22 号主撑条（从上部出线开始）的上部第 1～2 线段间垫块发现放电点，相应第 23 号撑条上端亦有放电痕迹。② 在 5 号主撑条（从上部出线开始）的上部第 9～10 线段间垫块发现放电点，相对应处围屏亦有放电痕迹。③ 在 36 号主撑条（从上部出线开始）的上部第 5～6 线段间垫块发现放电点，相对应处围屏亦有放电痕迹，见图 2-42～图 2-43。

原因分析： 根据绝缘件送检局部放电试验报告结论：故障变替换下来的垫块共计 6 件试验样本在场强较低情况下就产生较大局部放电量，线段间垫块材质不良为故障原因。

图 2-42　角环放电痕迹

图 2-43　垫块及导线放电痕迹

处理措施：① 更换柱 2 阀线圈内侧撑条 10 根，即 5 号、22 号、36 号主撑条及各自相邻两侧副撑条和 50 号主撑条（表面有污迹）；② 更换线圈段间垫块 21 块，即放电故障点 3 块及各自相邻上下各 2 块和左右各 1 块；③ 更换有放电痕迹的角环和拆卸时损伤或有污迹的角环、端圈、撑条。处理后于 2015 年 12 月 14 日阀交流外施耐受试验通过。

16. 调压线圈热压后静电环外绝缘松垮

问题描述：××工程某台高端换流变压器调压线圈干燥结束压装过程中调压线圈上部静电环出现外绝缘松垮现象。

原因分析：静电环生产制造的工艺原因。

处理措施：现场操作人员将静电环拆下，用其他产品的静电环进行替换，再次入炉并进行压装，结果满足要求。

17. 端圈局部超出外限

问题描述：××工程某台高端换流变压器柱Ⅱ与柱Ⅲ阀侧线圈套装完成后线圈下端局部与下部端圈不齐，最大不齐处，线圈超出下部端圈 17mm。

原因分析：端圈质量问题。

处理措施：Ⅱ与柱Ⅲ阀侧线圈先从器身的心柱上吊出，拆除线圈外的绝缘纸板和撑条。对柱Ⅱ阀侧线圈（起吊线圈）与下部线圈组装的成套绝缘进行分离，将不合格的端圈分成四半，调整合格后，重新进行线圈组装（柱Ⅰ、柱Ⅲ阀线圈同样进行处理）。

18. 磁分路受潮

问题描述：××工程某台低端换流变压器器身装配，在进行器身装配材料检查时，发现 3 块磁分路受潮。

原因分析：运输中包装防护不当造成受潮。

处理措施：更换 2 块，局部修复处理 1 块。要求材料供货商应加强材料包装防护工作。

19. 静电环附着金属异物

问题描述：××工程某台低端换流变压器器身装配时，发现绕组上部静电环上有 2 根极其微小的软铜线线头（套管窥镜放大后发现）。

原因分析：该铜线头为供货方加工静电环时残留的铜线残渣。

处理措施：对已安装的端绝缘和静电环进行了拆除返工，更换静电环。

20. 压板断裂

问题描述：××工程某台低端换流变压器产品总装，在进行线圈压装操作时，发现线圈压板断裂，造成阀侧线圈上部端圈及角环损伤，见图2-44～图2-45。

图2-44　压板断裂

图2-45　端圈及角环损伤

原因分析：压板质量存在问题。

处理措施：重新制作压板及端圈，损坏严重的角环用后续产品相同部位角环代替，轻微损坏的角环进行修补，而后重新入炉干燥。

21. 组合导线短路

问题描述：××工程某台高端换流变压器网Ⅲ线圈压装完成后进行带压测量，发现有一组小线短路。××工程某台低端换流变压器网2线圈出炉加压时，检测发现第121段第1匝（从外往内数）有1根组合导线内部短路，见图2-46～图2-47。

图2-46　发生短路的导线1

图2-47　发现问题的导线

原因分析：分析认为导线制作过程中，漆液体中有异物或在放线包纸过程中将异物带入造成导线短路现象。

处理措施：该处导线剪断，焊接新导线。

22. 导线股间短路

问题描述：××工程某台低端换流变压器用于网侧线圈的1盘导线（线规为2×17/4.80×1.40）存在股间短路缺陷。

原因分析：导线存在缺陷。

处理措施：不合格导线已作报废处理。

23. 线圈干燥压装后短路

问题描述：××工程某台低端换流变压器线圈出炉后压装，测量股间绝缘不合格。经排查，网Ⅰ线圈存在 5 个短路点，网Ⅱ线圈存在 1 个短路点。网Ⅰ线圈其中 1 个短路点在 14～15 饼，另外 4 个在 36～56 饼。

原因分析：生产该批导线时，单根漆包线经过刷线机时的防护套破损，临时用纸盒代替，刷机里面有铜粉未清理干净，纸盒封闭无法实现全封闭，导致一些细微铜粉粘附在单根漆包扁线表面。

处理措施：网Ⅰ线圈报废。网Ⅱ线圈将短路点处的导线剪掉后，使用合格的导线替换。

24. 线圈干燥压装后短路

问题描述：××工程某台高端换流变压器阀线圈干燥压装后检测发现柱 2、柱 3 短路。

问题分析：通过电阻测试，分析比对不同并联回路的电阻值差异，逐段排查后确定，柱 2 阀线圈第 34 段、第 120 段各有一个短路点。柱 3 阀线圈第 115 段有一个短路点。造成 TEE 股间短路的原因为导线股间环氧漆有杂质。

处理措施：将故障点区域的导线去掉，重新换上正常导线，重新进行绝缘测试合格。

25. 网线圈绕制过程中股间短路

问题描述：××工程某台高端换流变压器网Ⅰ线圈绕制到 112 段时，最外一根 2 组合导线测股间短路的报警器发生报警。

原因分析：电磁线存在质量问题，漆膜有杂质，在线圈绕制时，在存在的杂质的位置摩擦造成相邻两根导线漆膜破损，两根导线之间形成短路，报警器发生报警。

处理措施：现场操作人员将此根电磁线整段进行更换。处理完毕后，现场短路测量合格。要求电磁线供应商加强质量控制。

26. 线圈导线绕制后股间短路

问题描述：××工程某台低端换流变压器线圈 4 次（5 处）出现导线股间短路。

原因分析：导线质量问题。

处理措施：报废该线圈。要求生产厂家加强对导线供应方的监造及入厂检验。监造要加强监督检查。

27. 电磁线纸包绝缘受污染

问题描述：××工程某台高端换流变压器电磁线进厂检验发现绝缘表皮有黑色粉末状异物（线规：ZBQQR1-0.41.69×4.90，轴号：14 号），部分异物能被磁铁吸附。

原因分析：生产厂家确定原因为成品车间生产中，换盘时对漆包线进行焊接对头后，未将漆包线黑漆皮清理干净。

处理措施：出现异物的电磁线返厂修理。

28. 导线问题导致绝缘前长时感应试验放电

问题描述：××工程某台高端换流变压器在绝缘前长时感应试验，当电压接近 $1.7U_m/\sqrt{3}$ 时，试品侧听到异常声响，随即排查定位，合闸后发现较大的电流波动，无法升压。油色谱分析，网侧 750kV 套管升高座和本体均有乙炔，升高座乙炔（9.32μL/L）。脱开三柱线圈之间连接，进行了分柱低电压空载试验：施加电压 390V，测量柱Ⅰ、Ⅱ、Ⅲ分别为 5.3W、7.2W、23.4W，初步判定柱Ⅲ线圈发生短路。将柱Ⅲ线圈拆解检查，检查发现柱Ⅲ网侧线圈上部角环与柱Ⅲ铁心围屏有明显的放电痕迹，铁心半导体粘带上也有炭黑痕迹，柱Ⅲ调压线圈上部端圈有碳化痕迹，分别将柱Ⅲ线圈吊出检查，柱Ⅲ网线圈上部的多个角环有烧坏现象，端圈处有树枝状放电痕迹，继续拆解检查发现柱Ⅲ网线圈上端部第 1 饼与第 2 饼之间有电弧痕迹（段间距离 4mm），见图 2–48～图 2–49。

图 2–48　Ⅲ柱网线圈上端第 1 饼与第 2 饼导线融化

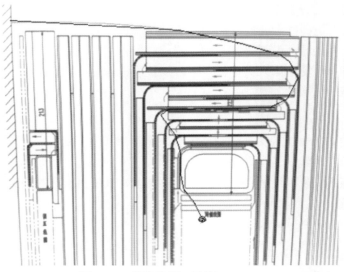

图 2–49　放电路径（黑线）

　　原因分析：柱Ⅲ网线圈首端第 1 饼中的第 5、6、7 匝导线间发生匝间短路，导线融化后滴落至第 2 饼，引起第 2 饼中的第 5、6、7 匝导线间也发生匝间短路，第 1 饼和第 2 饼形成饼间短路，故障发生时产生振荡过电压，同时上部角环可能存在缺陷，导致对铁心半导体粘带发生放电。

　　处理措施：更换柱Ⅲ网侧线圈、调压线圈及全部绝缘件，更换柱Ⅲ上下全部公共端圈，更换柱Ⅲ铁心外部围屏。

29. 电磁线直流电阻超标导致负载损耗超标

问题描述：××工程某台高端换流变压器负载试验时，主分接负载损耗保证值819kW，实测负载损耗832.3kW，超出保证值13.3kW。

原因分析：额定分接负载损耗超过保证值，直接原因是由于铜线直流电阻超过设计值，间接原因是设计值裕度小。

处理措施：鉴于第一台损耗超标将采取措施：① 该系列产品还未到厂的铜线要求供应商裸线尺寸不能有负偏差，且材料电阻率应保持稳定。② 后续5台产品油箱增加铺铜厚度，降低油箱杂散损耗。后续换流变压器结果满足要求，见表2-2。

表2-2 采取措施之后参数表

编号	电阻损耗	涡流+杂散损耗	负载损耗计算	负载损耗保证值
第1台	708.8	123.5	832.3	819
第2台	713.3	115.6	828.9	819
第3台	703.5	115	818.5	819
第4台	702.9	108.4	811.3	819
第5台	703.2	112.8	816	819
第6台	701.5	110.7	812.2	819
第7台	680.9	116	796.8	819

30. 导线接头焊接缺陷

问题描述：××工程某台低端换流变压器线圈绕制时，发现单盘导线内部存在多处对接且有的部分焊头存在焊接质量问题（焊缝不全、不饱满）。

原因分析：导线质量缺陷。

处理措施：报废已绕的线圈，更换导线。后续加强对原材料的质量检查。

31. 换位导线绝缘纸少包

问题描述：××工程某台低端换流变压器阀侧线圈绕制时，发现换位导线少包了一层绝缘纸。

原因分析：确认导线质量存在问题。要求在绕制过程中每5m打开包层检查一次，保证绝缘厚度满足要求。

处理措施：报废该线圈，后续加强对原材料的质量检查。

32. 导线外形尺寸超差

问题描述：××工程某台低端换流变压器网侧线圈柱Ⅰ绕制时，发现线圈幅向尺寸偏大3mm。

原因分析：导线存在缺陷，绝缘厚度偏大0.3mm引起。

处理措施：将原垫块链的小垫块厚度减小1mm，以保证线圈幅向尺寸偏差在-1～0mm允许范围内。

33. 换位导线漆膜存在问题

问题描述：××工程某台高端换流变压器网线圈最后 16 段用的电磁线（带屏蔽线、共 4 盘）漆膜存在缺陷。

原因分析：导线存在严重质量问题。

处理措施：4 盘换位导线已全部报废处理。

34. 导线绝缘纸松弛

问题描述：××工程某台高端换流变压器在进行线圈干燥作业时，发现线圈的上部纠结段之间油道窄小，见图 2-50～图 2-51。

原因分析：导线纸包绝缘松弛。

图 2-50　修理前情况　　　　　　　　　图 2-51　修理后情况

处理措施：厂方在纠结段正常垫块之间加 3mm 垫块将绝缘衬开，并对线圈加压 70% 额定压力（大约 50t 压力）持续 8h。

35. 导线表面漆膜有气泡

问题描述：××工程某台高端换流变压器网侧导线表面漆膜有气泡，不合格。

原因分析：导线存在缺陷。

处理措施：不合格导线已作报废处理。

36. 导线绝缘纸破损

问题描述：××工程某台高端换流变压器线圈导线屏蔽层破损。

原因分析：导线接头处纸包绝缘未处理好。

处理措施：重包绝缘。

37. 导线统包绝缘问题

问题描述：××工程某台低端换流变压器阀侧Ⅱ柱在线圈绕至第 76 饼在进行屏蔽头制作时发现，导线统包绝缘部分出现长度 5.6m 左右一层绝缘纸本身重叠，导致该部位导线绝厚度减少，降低绝缘强度。

原因分析：电磁线在生产制作阶段工艺控制不到位。

处理措施：对于绝缘纸重叠部位，进行去除并重新包扎处理，保证绝缘强度，并在电磁线生产过程中加强质量管控，保证产品质量。

38. 导线损伤问题

问题描述：××工程某台高端换流变压器阀侧线圈的一盘导线损伤，见图 2-52。

原因分析：导线线圈外包装完好，但打开包装发现最外层相邻的 10 圈导线绝缘包纸破损，铜导线绝缘漆膜损伤。损伤原因可能在导线吊装或储运过程中碰撞所致。

处理措施：受损导线暂停使用，使用后续换流变压器的一盘导线进行阀侧线圈绕制。损伤导线进

图 2-52　受损导线

行修复，共修复 10 除 40 根导线，其中 30 根损伤较严重的导线采取局部更换的办法，截取同规格、S 弯一致的一段导线，用搭接焊方法进行焊接，并用 100%耐热纸半迭进行绝缘包扎。

处理结果：修复后的导线检验合格，用于后续换流变压器的阀侧线圈。

39. 硅钢片单位损耗超标

问题描述：××工程某台低端换流变压器用硅钢片进行抽检，并对其性能检测进行了现场见证。此次共抽检四卷硅钢片，经检测部门检测，其中有两卷硅钢片单位损耗超标（标准值为≤0.83W/kg），检测结果如下：① 样品号 15849410805：头检测值为 0.840W/kg，尾检测值为 0.851W/kg；② 样品号 158496605205：头检测值为 0.840W/kg，尾检测值为 0.832W/kg。

原因分析：材料本身问题。

处理措施：停用此批次硅钢片。

40. 硅钢片漆膜缺陷

问题描述：××工程某台低端换流变压器铁心片剪切时，硅钢片表面漆膜有缺陷，斑点状漆膜剥落，检查发现导通。

原因分析：材料入厂质量控制存在漏洞。

处理措施：已下料的硅钢片作报废处理，并更换本批次的全部材料。

41. 硅钢片材料锈蚀

问题描述：××工程某台高端换流变压器铁心叠装时，发现有部分铁心片表面存在严重锈蚀现象。

原因分析：生产厂家对原材料质量控制不严。

处理措施：采取有效防锈措施。

42. 套管铭牌错误

问题描述：××工程某台低端换流变压器阀套管开箱检查时发现套管铭牌额定电流为 3266A，与技术协议要求的 3850A 不符，见图 2-53。

原因分析：生产厂家提供了错误铭牌。

图 2-53 出现错误的铭牌

图 2-54 发生开裂的互感器

处理措施： 生产厂家提供新的铭牌予以更换。

43. 套管 TA 树脂开裂

问题描述： ××工程某台低端换流变压器 2 只套管电流互感器出现树脂开裂，随后又相继发现 3 只开裂，见图 2-54。

原因分析： 检查分析系"聚氨脂和固化剂"混合不匀，搅拌不匀造成应力集中，最终开裂。

处理措施： 对有问题的全部 TA 予以了更换，并对整批产品做出了质量承诺。TA 供应商更新投料、搅拌设备，根本杜绝原手工搅拌技能发散性问题。

44. 套管金属筒变形

问题描述： ××工程某台低端换流变压器总装安装套管时，发现阀Ⅰ套管瓷套与下法兰间的金属套筒上部边沿有三处变形。

原因分析： 套管起吊时发现套筒存在局部变形，该套筒为铝质材料，可能在套管装箱或约束过程中受外力磕碰或挤压变形。

处理措施： 套管公司派人现场处理。

45. 套管金属筒开孔错误

问题描述： ××工程某台低端换流变压器总装安装套管时，发现阀Ⅰ和阀Ⅱ套管瓷套与下法兰间的金属套筒安装分压器的开孔位置不一致。且后续 2 台换流变压器阀侧套管的开孔位置也不一致。

原因分析： 开孔错误。

处理措施： 套管公司派人现场更换金属筒。

46. 阀套管试验故障

问题描述： ××工程某台低端换流变压器套管出厂试验现场见证时，直流极性反转试验后，色谱分析油中出现乙炔，量值达到 5.42μL/L，检查套管发现套管尾部浇注绝缘部分表面有爬电痕迹，并有两处炸裂痕迹，试验终止，套管不能使用，见图 2-55。

原因分析：经检查分析，在直流试验时，油中存在颗粒，试验中吸附在套管表面，高电压下发生放电，造成该区域电厂分布改变，导致绝缘的薄弱点发生放电，使芯体表面发生损伤，同时两点之间存在电位差，绝缘受损后发生爬电。

处理措施：套管已不能满足工程需要，仅做进一步解剖研究使用。

47. 进口套管缺陷导致直流耐压试验放电

问题描述：××工程某台高端换流变压器

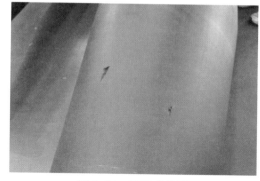

图 2-55 下瓷套炸裂

直流耐压试验时，电压升至 952kV 时，出现上百大于 2000pC 的放电脉冲、阀侧 b 套管外部中间变径部位出现可视放电。某台高端换流变压器直流耐压试验，升压至 1258kV，有上千个大于 2000pC 的放电脉冲，并且阀侧 a 套管出现可视放电，放电位置在套管中部变径处。试验后检查发现阀侧 a 套管放电点位置有一小孔，见图 2-56。

原因分析：分析阀侧套管存在质量缺陷。

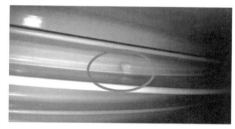

图 2-56 问题的套管

处理措施：更换阀 b 套管。

48. 进口套管质量问题导致试验局部放电超标

问题描述：××工程某台高端换流变压器阀交流外施耐压试验时局部放电量超标，见图 2-57。

原因分析：根据验证试验时阀 a、阀 b 局部放电量的传递关系和试验前后的阀套管油样分析，阀 a 套管存在质量问题。套管油色谱结果，见表 2-3。

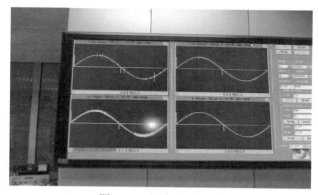

图 2-57 视在放电波形

表 2-3   套 管 色 谱 数 据 表

组分及项目	阀 a 套管	阀 b 套管	组分及项目	阀 a 套管	阀 b 套管
CO（μL/L）	208.82	61.56	C_2H_4（μL/L）	23.82	0.00
CO_2（μL/L）	875.22	529.02	C_2H_2（μL/L）	61.04	0.00

续表

组分及项目	阀 a 套管	阀 b 套管	组分及项目	阀 a 套管	阀 b 套管
CH_4（μL/L）	23.83	2.80	总烃（μL/L）	110.93	2.80
C_2H_6（μL/L）	2.24	0.00	H_2（μL/L）	51.56	0.91

处理措施： 更换阀 a 套管。加强进口套管的质量管控。

49. 进口套管问题导致感应耐压局部放电超标

问题描述： ××工程某台高端换流变压器绝缘试验后长时感应耐压试验，在 $1.7U_m$ 倍电压激发后，$1.5U_m$ 倍电压施加 3min 时，网侧局放量由 40pC 开始缓慢增长，5min 时增至 80pC，7min 时＞100pC，30min 时增至 170pC，且呈继续缓慢增长趋势，试验中止，第 2 次试验局部放电量仍随时间增长。该工程某台高端换流变压器感应电压加 1.7 倍电压时网侧局部放电量为 50pC，加 1.5 倍电压 40min 后网侧局部放电量为 200pC，且呈缓慢增加趋势；重新加 1.5 倍电压，20 分钟后网侧局部放电量为 270pC，超过标准（100pC）要求，而阀侧局放量稳定在 60pC，在标准范围内。

原因分析： 从试验数据和放电波形分析：① 放电波形位于过零周边；② 套管测屏（A）放电量与分压器（A 分）放电量按一定比例传递；③ 阀侧放电量不受网侧放电量影响，无传递效应；④ 局放量随时间增长。根据上述试验数据变化情况及放电波形分析，判定网侧套管问题，产品内部无问题。

处理措施： 为验证上述分析，更换网侧套管进行试验验证试验通过。鉴于此工程共有四只网侧套管出现同样问题，研究发现此类套管质量问题的试验方法，杜绝不合格品套管使用。

50. 国产套管问题导致长时感应局部放电超标

问题描述： ××工程某台低端换流变压器进行绝缘前长时感应耐压试验（预局部放电）时，在电压升压至 1.5 倍电压持续约 1min 后，网侧局部放电量从 10pC 上升到 150pC 以上，大于合同规定的 100pC，经过反复调试，始终无法有效降低局部放电量。

原因分析： 预局部放电试验出现局部放电量超标后，通过各端子方波校正情况推测网侧高压套管存在放电，更换套管进行预局部放电试验通过，验证原网侧高压套管存在故障。

处理措施： 向网侧套管生产厂家重新订购 1 只同型号套管，并在后续换流变压器上进行验证试验。

51. 套管及出线托架缺陷导致试验放电

问题描述： ××工程某台高端换流变压器直流耐压试验时大于 2000pC 放电脉冲数超标，阀 a 套管变径处可见放电光，并伴随放电声。阀侧外施交流耐压试验时发生内部放电（阀下出线对出线均压管托架螺栓连接处放电），见图 2-58。

图 2-58 出现问题的绝缘件

原因分析：阀 a 套管存在质量缺陷。阀下出线均压管托架螺栓材质疑有瑕疵。

处理措施：更换阀侧 a 套管。重新制作放电损坏的绝缘件并对导线夹结构进行改进。

52. 套管试验放电导致下瓷套碎裂

问题描述：××工程某台低端换流变压器进行短时感应耐压试验时，当试验，电压升至 680kV 约 3s 时，试验电压突然发生跌落，换流变压器网侧高压端可见明显放电光并伴随异常声响。检查发现，网侧高压套管电容和介损值已发生明显变化，拆卸后发现套管下瓷套已破碎。对套管的解体检查发现套管电容屏已被击穿，见图 2-59。

原因分析：疑是套管受潮或是套管瓷套存在缺陷。

处理措施：更换该套管后，再次试验通过。

图 2-59 拆卸的网套管及破损的下瓷套

53. 套管介损超标

问题描述：××工程某台 400 换流变压器测量套管介损，发现阀侧 a 套管介损值超标，铭牌值：$\tan\delta(\%)=0.32$、实测值：$\tan\delta(\%)=3.083$。

原因分析：套管生产厂家未将套管尾部连接导致，属于生产厂家提供套管不符合质量要求。

处理措施：制造厂联系套管供应商对存在缺陷的套管进行处理，并对此问题进行原因分析、制订纠正措施。① 在套管进货检验时增加套管的介质损耗抽检要求；② 在套管进货检验时对套管进行全面的检查，对特殊部位注重检查。

54. 阀侧套管法兰与树脂接触面胶脱落

问题描述：××工程某台低端换流变压器阀侧套管装配时，发现 2 只阀侧套管安装法兰与树脂接触面处的胶均出现脱落现象。

原因分析：套管制作过程的质量管控不严格。

处理措施：将阀侧套管互感器拆除，对内部环形及升高座内壁进行彻底清理，确保无残留白色异物；拆除阀侧出线装置，检查主体内部、阀侧引线、油箱底部等位置，均无白色异物残留，可以确认白色异物未进入主体内部，进行常规清理后回装出线装置及升高座。使用备用套管回装，并按照工艺处理流程对换流变压器进行后续真空及油处理。为了确认在放油过程中，溢出的密封胶未污染换流变压器器身绝缘，补充增加 80% 的阀侧交流外施耐压试验同时测量局部放电。

55. 分接开关档位切换卡塞

问题描述：××工程某台高端换流变压器进行负载试验时，发现有载调压开关切困难，试验停止，排查有载开关外部操动机构后，认为故障可能为切换开关机构和选择机构机械部位存在卡塞。

原因分析：供应商对开关选择机构检查发现，有载开关选择机构的自由轮存在卡滞现象。生产厂家拆下自由轮进行进一步检查，发现自由轮内壁存在毛刺，与轴摩擦发生卡滞。

图 2-60　开关过渡电阻支架融化

处理措施：对自由轮内壁毛刺打磨，重新安装后开关切换正常。

56. 有载分接开关温升试验过热损坏

问题描述：××工程某台高端换流变压器温升试验（1.0p.u.），约 1min 时，发现 MR 有载分接开关内部出现急剧过热现象，停止试验。试验后油样溶解气体色谱检测，油箱和开关油室乙炔等各种气体均出现。开关吊芯检查发现，开关部分塑料器件发生融化现象尤其是过渡电阻塑料支架融化严重。同时检查发现有载分接开关切换回路过渡电阻的辅助开关位置错误。（动触头处于平行状态）。开关传动机构上凸轮盘损坏，另一侧已开裂，拨叉折断，见图 2-60～图 2-62。

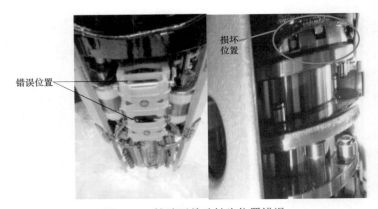

图 2-61　辅助开关动触头位置错误

图 2-62　损坏的凸轮盘和折断的拨叉

原因分析：操纵杆（拨叉）和凸轮盘断裂造成过度电阻通电过热。拨叉损坏致使 TTF 位置未能处在正确位置，引起电气故障。

处理措施：更换开关。

57. 疑似开关问题导致温升试验产生乙炔问题

问题描述：××工程某台高端换流变压器温升稳定 5h 后，取油样检测发现产气，乙炔 0.09μL/L，试验暂停。① 第一次排查：放油进箱检查后未查出故障点，吊芯检查除发现的开关 20 触点颜色异常外，未发现其他异常情况。对问题产品吊心，对有载开关、铁心、夹件及各坚固连接部位等进一步检查，对手拉手部位打开绝缘，检查内部，均未发现故障点。② 第二次试验：复装后温升试验复试，产气现象未消除。③ 第二次排查：吊出器身，对开关、铁心各结构件联接处、油箱等处进行检查，均未发现异常，现对器身进行脱油处理，处理完毕后逐步拆除铁心上夹件、上轭铁，断开分接引线连线，拆除网侧引线及阀侧引线，拔出整体线圈等，分别对铁心各个端面、拉带表面、铁心层间、线圈引线、调压出线各个接头等位置仔细查找故障点，未检查出故障点。

原因分析：疑似开关触点问题导致过热。

处理措施：对分接开关进行了检查，吊出线圈，拆除铁心旁柱绝缘、下夹件及拉板、底脚进行绝缘电阻测试，铁心下铁轭表面及拉带查找未发现故障点。更换分接开关复试温升试验通过。

58. 器身下部铁心铝垫块绝缘胶垫断裂

问题描述：××工程某台低端换流变压器器身出炉总装配时，发现换流变压器器身下部铁心铝垫块绝缘胶垫断裂并存在多处裂纹的现象。

原因分析：铝垫块绝缘胶垫原材料质量问题。

处理措施：鉴于该绝缘胶垫位置及作用的重要性，要求生产厂家对该批次绝缘胶垫进行质量评估，分析说明出现该问题的原因并采取有效处理措施，杜绝因绝缘胶垫缺陷影响换流变压器产品质量。将有问题的铝垫块绝缘胶垫更换，更换的胶垫烘燥后没有开裂现象。后续对所有的绝缘胶垫进行严格的检验，存在开裂现象的绝缘胶垫全部更换。

59. 储油柜内残留铁砂粒

问题描述：××工程某台高端换流变压器储油柜完工送检时发现储油柜内焊缝边缘残留有铁砂粒。

原因分析：喷丸处理后清产处理不到位。

处理措施：返工再次清产，油漆后再送检。

60. 储油柜、升高座油漆不合格

问题描述：××工程某台低端换流变压器储油柜、套管升高座漆膜有缺陷。

原因分析：外协厂不具备生产条件。

处理措施：更换外协厂，返修不合格品。

第三节 制造工艺问题

1. 千斤顶"板"部向上倾斜

问题描述：××工程某台低端换流变压器，在现场进行巡视中发现千金顶"板"部向

上倾斜。

原因分析：焊接过程管控不严格。

处理措施：在该"板"的坡面补焊一块坡面板，以调整其水平，满足要求。经检验，满足要求。

改进建议：加强对焊接工艺的管控，增加巡检次数。

2. 储油柜抽真空变形、胶囊破裂

问题描述：××工程某台高端换流变压器抽真空时，发生储油柜严重变形，胶囊破裂。按外商工艺文件规定，储油柜应与本体一同抽真空。而外商现场技术指导员认为储油柜不应和本体一起抽真空，见图2–63。

原因分析：变形及破损的原因是实际执行了外商工艺文件规定。

处理措施：修复变形的储油柜，更换胶囊并分开单独抽真空处理。

3. 油箱定位焊接不合理

问题描述：××工程某台高端换流变压器预下箱时发现油箱的两个长侧面有不同程

图2–63　超差变形的油箱

度的超差变形，低压壁板向外鼓肚28mm，导致油箱下部超过了铁路运输宽度的极限设计要求。

原因分析：原因是焊接时，定位夹紧选择不合理导致焊接超差变形。

处理措施：更换变形超差的低压侧壁板，变更焊接工艺。

4. 油箱机械强度试验未按工艺要求进行支撑

问题描述：××工程某台高端换流变压器准备油箱机械强度试验时，按工艺策划要求在16个器身定位处均加支撑，来模拟器身真空处理的状态，现操作者只在12个器身定位处加了支撑（支撑不够），并在箱盖下沉处多加了两个支撑。如此进行油箱机械强度试验，不能满足油箱在器身真空处理的要求，存在质量隐患。

原因分析：操作者未按工艺策划要求操作。

处理措施：操作者按工艺策划进行整改，经过检查确认，支撑个数及位置符合工艺策划的要求。

5. 升高座内壁存在尖角、毛刺

问题描述：××工程某台高端换流变压器升高座内壁有尖角、毛刺现象，影响产品质量。

原因分析：油箱车间处理不彻底，且升高座完工检查不认真。

处理措施：要求油箱车间对存在问题进行处理。油箱车间马上来人对尖角、毛刺进行打磨处理并补漆，经过检查确认，升高座内部尖角毛刺已处理彻底。

6. 箱沿未按要求喷漆

问题描述：××工程某台高端换流变压器油箱评审时发现箱盖处的箱沿全部进行了涂

漆，而未按工艺箱沿宽度 50mm 处不涂漆要求执行。

原因分析：忽略工艺要求。

处理措施：发现问题后，要求组装在生产中按"三按"执行，对于箱盖处箱沿多涂漆部分打磨清理。

7. 油箱焊缝渗油

问题描述：××工程某台±高端换流变压器油箱压油检查发现 4 处渗漏点，见图 2-64～图 2-65。

原因分析：油箱焊缝焊接质量不良。

图 2-64 左上角箱沿渗漏点和网出线侧箱沿渗漏点

图 2-65 柱 I 开关外挂渗漏点和柱 II 开关外挂油箱渗漏点

处理措施：对发现的渗漏点进行补焊，补焊后再次进行压油检查。经 24h 压油试漏检查，已发现的渗漏点无渗油，且未发现新的渗漏点。

8. 油箱加强铁焊缝不均、有毛刺

问题描述：××工程某台低端换流变压器油箱入厂检验，发现如下问题：① 部分加强铁焊缝极不均匀，焊缝垂直高度和水平高度偏差较大；② 部分加强铁下部倾斜处焊接未完全密封，容易造成该处加强铁锈蚀；③ 油箱内部及外部部分焊缝未打磨光滑，存在尖角毛刺。

原因分析：油箱供应商在油箱制作过程中，焊接操作者未按工艺要求进行操作，且焊缝打磨不到位，导致以上问题出现。

处理措施：① 对不均匀焊道进行打磨或补焊处理，修理完毕后补漆；② 对加强铁焊道不饱满位置进行打腻子补漆处理；③ 对不光滑的焊缝重新打磨至光滑后清理干净并补漆处理。

9. 油箱取油样阀与加强筋太近，无法安装阀门

问题描述：××工程某台低端换流变压器在进行油箱联管装配时，发现：① 两边开关滤油机底座高度不一致，须调整；② 取油样阀与加强筋太近，导致取油样阀无法正确安装，随后一台换流变压器取油样阀存在同样问题。

原因分析： 油箱生产厂家未按图纸要求加工。

解决措施： 制造厂立即将换流变压器油箱运至包装车间进行修复处理，对两边滤油机底座高度进行调整一致，对取油样阀上部水平方向加强筋切割上移，并进行补漆处理。

10. 油箱漏油

问题描述： ××工程某台高端换流变压器注油循环，检查发现冷却器侧第 3 块加强铁与箱壁之间油箱下部有渗油。

原因分析： 油箱内部加强铁和油箱外部加强铁之间存在应力集中在器身吊入后，引起油箱加强铁处出现裂缝而漏油。

处理措施： ① 加强铁部位补焊；一侧油箱加强铁补焊 2 个部位，各加焊 1 块 12mm 钢板。② 漏油部位进行油箱抽真空、样冲敲击漏点及补焊的工艺处理。③ 应运输方要求将压机顶板上部筋板割断 300mm，以方便运输。经确认后，厂家提出该台换流变压器试验后将进行加强铁补强和漏油处理工作。④ 加强对油箱制作工艺的细化，制订的科学的工艺流程。⑤ 提高焊接人员的技术水平，保证换流变压器重要部件油箱的质量。

11. 油箱网侧壁吊攀加强铁焊缝夹渣

问题描述： ××工程某台高端换流变压器油箱网侧壁吊攀加强铁焊缝较差，有夹渣现象。

原因分析： 车间工人操作水平不足，质量意识淡薄；车间质量控制不严。

处理措施： 油箱车间进行整改，加强质量管理，相关操作人员已被取消特高压产品焊接操作资格。现油箱车间已将不合格焊缝打磨处理，并重新焊接。

12. 油箱箱沿渗油

问题描述： ××工程某台低端换流变压器在进行油压试漏时，靠近断路器操作机构的箱壁上有油迹。

原因分析： 靠近操作机构处箱沿渗油造成。

处理措施： 装配车间将漏油部位箱沿重新进行紧固，同时将箱壁上的油迹擦拭干净。

13. 箱沿变形问题

问题描述： ××工程某台高端换流变压器总装配后抽真空时箱沿出现变形。

原因分析： 车间制造油箱时箱沿变形较大，相应箱盖上的卡块与箱沿上的槽口配合不好，车间在夹紧外部箱沿卡子时困难，因此导致抽真空时箱沿变形。

处理措施： 将油箱长轴侧箱沿与箱盖进行焊死。

14. 千斤顶底板水平度不满足要求

问题描述： ××工程某台高端换流变压器进行千斤顶底板水平度检查。经检查发现：油箱低压侧方向的外侧高 1.3°，油箱高压侧的外侧低 0.8°，按照工艺要求水平度≤0.5°，不满足要求。

原因分析： 没有按工艺要求进行加工处理。

处理措施：重新打磨处理，满足要求。

15. 油箱屏蔽板内铜带松动问题

问题描述：××工程某台低端换流变压器油箱箱壁屏蔽板内铜带与半导体纸粘接处出现松动、脱离现象，影响屏蔽板的屏蔽效果。

原因分析：油箱屏蔽板在吊运过程中，由于起吊方式不当，导致屏蔽板内铜带与半导体纸间粘接处受力，致使铜带与半导体纸松动、脱离。

处理措施：为确保产品质量，对油箱屏蔽板全部重新制作。

16. 夹件与油箱干涉导致加强筋变形

问题描述：××工程某台低端换流变压器器身落箱时发现，下夹件托板上的方形垫片（发黑处理高强度不锈钢）与油箱下部加强筋出现干涉，导致该处加强筋出现变形。

原因分析：器身螺栓紧固时，下夹件托板上的方形垫片未调节到与托板边缘平行，导致垫片边角伸出托板。

处理措施：将低端换流变压器油箱下部加强筋全部进行设计优化，避免干涉问题风险，更改方式为将油箱下部 16 根加强筋中第 2 条及第 14 条宽度由 170mm 变为 150mm，避免夹件下肢板干涉。

17. 箱壁存在渗漏点

问题描述：××工程某台高端换流变压器抽真空时发现真空度不能有效提升。经查在面向阀侧箱壁上，距箱沿 650mm 右侧端壁 255mm 处有漏点。

原因分析：箱壁在焊接加强铁及吊轴前需要点焊工字钢及加强板防变形工装，去除时不慎误将箱壁割透，没有及时发现。试漏时只对密封焊缝进行了刷漏，没有查找加强铁等非密封焊缝，在试漏工序没有找到该漏点。

处理措施：使用氩弧焊将漏点处补焊，清理后补漆。

18. 胶粒滴落到静电环上

问题描述：××工程某台高端换流变压器阀线圈（C3）内纸筒上粘撑条时，有胶滴落到静电环上，并且胶点上有气泡，见图 2-66。

原因分析：操作者粗心大意导致胶滴落至静电环。

处理措施：用刀片将胶粒清理掉。

19. 围屏纸板出线绝缘孔开偏

问题描述：××工程某台高端换流变压器阀线圈（C3）组装至 18 层时，发现该层围屏纸板出线绝缘孔位置及大小超差，形成偏心圆，见图 2-67。

原因分析：操作者粗心大意，未按装配图纸尺寸计算开孔。

处理措施：裁剪同样材料的进口纸板（2mm 厚）进行局部补孔。

图 2-66 静电环上带气泡的胶粒

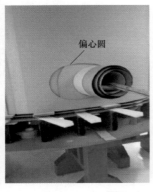 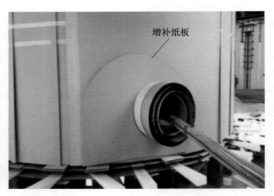

图 2-67 围屏纸板孔偏心增补纸板后合格

20. 线圈圆周变形

问题描述：××工程某台低端换流变压器线圈制作验收时，发现线圈内径存在较大偏差，内径偏差最大值约为-7～+8mm 现象，与线圈制作质量要求不符。

原因分析：绕制完工的线圈垂直放在四个支撑点上，由于线圈直径大，支撑点之间线圈受力下坠，造成圆周变形。

处理措施：用可调性模具穿入线圈内径侧，利用气动扳手撑紧可调模具，将线圈变形处修复。

21. 阀线圈与网线圈之间存在非金属异物

问题描述：××工程某台低端换流变压器出厂试验，在进行阀侧交流外施耐压试验及局部放电测量时，试验电压：468kV，网侧局部放电量 4000pC，阀侧局部放电量 1900pC，局部放电量超标。

原因分析：经检查发现，在阀线圈与网线圈之间有一非金属异物，该异物造成网线圈与阀线圈内纸板筒产生放电，高度在线圈的 2/3 部位。制造过程中，线圈内掉进非金属异物，引起内部放电，局部放电量超标。

处理措施：进行返工处理。

22. 线圈超高

问题描述：××工程某台高端换流变压器，在线圈整体组装后，发现三柱线圈高度均超高 30mm 左右，在经过对线圈干燥后压装处理，仍不能满足高度要求。

原因分析：经查是由于信息沟通不到位，致使线圈端绝缘加工厂和常州西电变压器股份有限公司各按 4%的绝缘材料收缩量进行了尺寸调整，导致双重加放调整尺寸，使线圈绝缘高出 30mm。

处理措施：返工处理，拆解已组装好的线圈，重新进行组装，将下部端绝缘垫块高度降低到所需的尺寸。

23. 内纸板筒鼓包

问题描述：××工程某台高端换流变压器网线圈出炉后内纸板筒出现鼓包。

原因分析：绝缘纸板浸水不均匀，导致线圈入炉干燥出现鼓包现象。

处理措施：加强工艺，更换新绝缘纸板筒。

24. 线圈安装受损导致冲击未通过

问题描述：××工程某台高端换流变压器，60%试验电压和第一次 100%试验电压下两次冲击试验比较时电压波形及示伤电流波形有明显变化，见图 2-68~图 2-69。

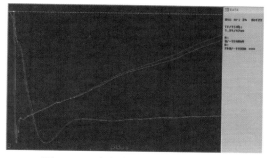
图 2-68 雷电冲击试验电压波形图

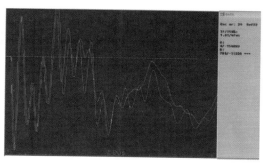
图 2-69 示伤电流波形图

原因分析：问题由第一柱上的调压线圈安装时受损造成，更换此线圈后进行第二次试验。第二次试验冲前局部放电超标未通过，问题由铁芯接地线未连接造成，见图 2-70。

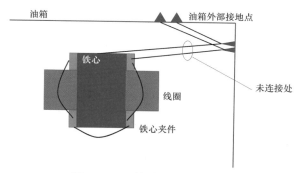
图 2-70 心接地线连接示意图

处理措施：更正错误后第三次试验通过。

25. 压床压坏线圈端绝缘

问题描述：××工程某台低端换流变压器线圈制作，在进行调压线圈加压时，压床（4000kN）失控，压坏线圈端绝缘。

原因分析：在生产任务紧张的情况下，生产厂家对该压床缺乏维护保养。

处理措施：调压线圈局部修复处理。

26. 线绝缘成型件开裂变形

问题描述：××工程某台低端换流变压器器身装配，发现阀侧线圈出线绝缘成型件开裂变形，导致阀引线对接不上。

原因分析：绝缘装置对接时发生尺寸干涉。

处理措施：返修处理，使用进口材料对其进行粘接（厚度约 1mm），并在坡口处增加 0.5mm×160mm×200mm 的纸板一张。

27. 线圈地屏内纸板向内凹陷

问题描述：××工程某台低端换流变压器线圈组装时发现：柱Ⅰ地屏内布置有防护支撑，而柱Ⅱ地屏因缺少防护支撑造成内层纸板筒向内凹陷变形。同样在后续产品存在该问题。

原因分析：经分析造成该问题的原因为：① 地屏内层纸板筒在使用前经过干燥淋油，而地屏绝缘纸只是在使用前进行简单烘干，在线圈入炉后，绝缘纸缩紧量比内层纸板筒大，从而造成绝缘纸向内层纸板筒挤压，使得纸板筒向内凹陷变形；② 在线圈入炉前未布置相关防护支撑。

处理措施：对出现问题的地屏使用蒸馏水及酒精将凹陷部位浸湿变软，在纸筒内径侧配合丝杠、撑板等对凹陷部位进行撑紧修复，以确保套装顺利进行。监造工程师检查处理结果符合要求。制作内部圆环撑紧工装，并线圈入炉前装配，以防止纸筒在干燥过程中凹陷变形。

28. 线圈制作与图纸不符

问题描述：××工程某台高端换流变压器：① 阀线圈柱 1 第四段纠结换位焊接处高出线圈撑条 5mm（2 处）；② 第 38 段绝缘垫块高度与图纸不符。（要求 5mm，实际 3mm），见图 2-71～图 2-72。

图 2-71 焊接处高出线圈撑条 　　　　图 2-72 绝缘垫块高度与图纸不符

原因分析：未按图纸要求施工。

处理措施：纠结换位焊接处重新整理、包扎；绝缘垫块高度重新调整。

29. 绕线垫条毛刺

问题描述：××工程某台低端换流变压器线圈绕制用垫条毛刺明显。

原因分析：绝缘纸板剪切质量问题以及质量控制力度薄弱。

处理措施：将严重的返回绝缘车间重新处理，使用过程进行择优选取；同时对绝缘车间绕线垫条加工情况进行了检查，绝缘车间负责人表示后期勤换刀具，并加大垫条转序前检验力度。

30. 调压线圈纸筒搭接处波浪度

问题描述：××工程某台低端换流变压器调压Ⅱ柱进行第一层纸筒围制，围制完成后发现纸板搭接处存在起皱现、波浪度较大现象。

原因分析：纸板在制造厂内部干燥房内存储期间，由于干燥房内吸湿设备故障，纸板受潮变形。

处理措施：对出现问题的纸板进行报废处理，并重新采购；加强绝缘件厂内存储期间质量管控。

31. 阀侧线圈 I 柱干燥压服后高度超差

问题描述：××工程低端换流变压器阀侧线圈 I 柱干燥压服后平均高度为 2297mm，设计高度为 2290mm，实际高度超出设计高度 7mm，与工艺要求（–2，0）不符，且该线圈无调节垫块。

原因分析：垫块及导线的压缩率计算出现偏差。

处理措施：由于无调节垫块，为保证设计高度及工艺要求，对阀侧线圈 I 柱重新进行干燥。阀侧线圈 I 柱在重新干燥并压服后平均高度为 2295mm，超出设计值 5mm，为保证线圈电抗高度一致及线圈组整体高度，在阀侧线圈 II 柱（平均高度–3mm）的第 34 饼、35 饼、37 饼及 38 饼处分别增加一片 2mm 垫块，保证阀侧线圈电抗高度一致性。

32. 线圈套装错误问题

问题描述：××工程某台低端换流变压器进行引线装配前器身插板试验，经检测，线圈组 I 柱及线圈组 II 柱的网线圈/阀线圈、网线圈/调压线圈极性均为"+"极性，与设计不符。

原因分析：由于车间员工操作失误，导致网线圈在线圈组装工序套装错误，网线圈 I 柱套装在线圈组 II 柱上，网线圈 II 柱套装在线圈组 I 柱上。线圈组内网线圈与阀线圈、调压线圈绕向不同，出现极性异常情况。

处理措施：拆除上铁轭，拔出线圈组，进行脱油处理，拆除上压板、阀线圈及其外部围屏，网线圈及其外部围屏；按照图纸要求进行线圈组复装，根据组装完成后线圈组高度，确认线圈组是否重新干燥。

33. 阀侧线圈轴向油道变形问题

问题描述：××工程某台低端换流变压器阀侧线圈干燥压服后（I 柱：–7mm，II 柱：–6mm），在进行轴向高度调节时，发现在 34～35 饼间垫块存在变形情况且在该处轴向油道较窄（2mm 左右），在 35～38 饼也存在轻微变形现象。

原因分析：35～38 饼为少匝饼，饼间布置垫条，垫条在干燥后收缩量较大（现场测最大为 3mm），导致在线圈压服时，垫块两端受力，中部由于锯齿条收缩，无法受力，导致垫块变形。

处理措施：更换出现变形的所有垫块，将增加的 3 处 2mm 垫块，放置在轴向油道较小的 32 饼、33 饼、34 饼上，保证轴向油道尺寸（大于 2mm）。经设计部电算确认后，可以在 32 饼、33 饼、34 饼处增加 2mm 调节垫块，用气囊撑起线饼后进行垫块更换及调节垫块布置，导线绝缘无损伤，轴向油道尺寸，符合要求。

34. 阀线线圈Ⅱ柱股间短路点

问题描述：××工程某台低端阀线圈Ⅱ柱绕制完成后股间短路点测量时，检测发现股间存在短路点。

原因分析：短路点位于第 42 饼中部换线焊接处。由于在焊接位置存在焊点，在整理线饼时受力，可能导致股间包扎绝缘纸破损，导致出现短路点。

处理措施：剥开第 42 饼换线处绝缘后检查发现绝缘破损位置，为确保线圈质量，用 0.3mm 厚纸带制作纸槽，将中部换线处相邻单根导线隔开，并恢复绝缘后，测量结果显示无短路点。

35. 因图纸错误造成返工

问题描述：××工程某台低端换流变压器插上铁轭时，发现其阀线圈的屏蔽线焊接工艺与要求不符。

原因分析：生产用图翻译错误，与原图要求不一致。

处理措施：按原图要求已返工处理合格。

36. 漏装心柱屏蔽

问题描述：××工程某台高端换流变压器器身装配，在进行线圈套装时，发现未装心柱屏蔽之前，进行了心柱围屏，与工艺要求不符。

原因分析：由于沟通未到位，造成漏装。

处理措施：拆除心柱围屏，制作安装磁屏蔽。

37. 压服时线圈饼变形

问题描述：××工程某台低端换流变压器阀线圈出罐压服，柱Ⅰ当压力达到 1100kN、柱Ⅱ压力达到 1200kN 时，发现线圈上部 10 个饼出现变形。

原因分析：① 硬纸筒未进行浸油，纸板吸收水分，经烘烤后收缩变形，致使与其粘接的软纸筒及撑条与线饼分离；② 原材料自身的密度较低，纤维间隙较大，吸收水分多，导致烘烤后变形量大。

处理措施：拆除上部角环，在软纸筒与线饼之间加入临时撑条塞紧，使用可调模撑紧线圈。对变形线饼进行收紧，用聚脂带进行绑扎，绑扎固定出头。经过上述处理压力达到要求并未再次出现线饼变形。后续改进措施：① 制作硬纸筒浸油工装，防止硬纸筒吸潮；② 线圈绕制完毕后使用可调模对线圈进行撑紧，防止硬纸筒变形；③ 与纸板供应商协商加强纸板的强度。

38. 压服后高度超差

问题描述：××工程某台低端换流变压器阀侧柱Ⅰ、柱Ⅱ线圈压服。图纸高度 2585mm，压服后高度均为 2597mm+12mm，不符合要求。根据工艺部指示，重新进罐按原工艺烘干 34h。

原因分析：线圈存放时间较长，轴向高度反弹导致高度超差。

处理措施：阀侧线圈经拆除外部绝缘，适当调整垫块后，二次压服，压服后轴向高度均为 2585mm，符合工艺要求。

39. 金属压块掉落造成绝缘纸筒损坏

问题描述：××工程某台高端换流变压器线圈干燥，在调压Ⅱ柱线圈干燥后准备运输时发生意外，金属压块掉落，造成线圈内屏绝缘纸筒损坏。

原因分析：运输固定措施不当，危险源分析和预控措施不到位。

处理措施：对损坏绝缘进行了修复处理。

40. 金属丝短接铁芯夹件导致绝缘电阻不合格

问题描述：××工程某台高端换流变压器，在进行器身中间试验时，测量铁芯对夹件绝缘电阻，电阻值为 5MΩ，电阻较低且伴有有放电声（从器身第二柱线圈上部发出），见图 2-73。

原因分析：经分析认为是有金属异物，造成铁心和夹件之间导通。

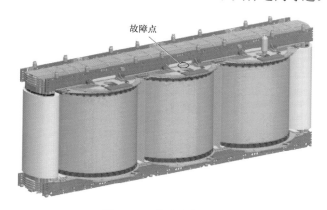

图 2-73　故障点位置图

处理措施：此时上部压板已压紧，这时进行查找清理，则需要拆除上铁轭，取出上压板，工作量较大。经研究决定，器身先预干燥，绝缘收缩后，出炉将可疑部位的上压板取出，查找并清理。器身预干燥出炉后，在器身第二柱线圈上部取出上压板，检查发现有金属细丝（铁心剪切造成的细丝）使铁心和夹件导通，清理干净后，重新测量铁心对夹件绝缘电阻，电阻值为 500MΩ，符合要求，恢复后，器身重新回炉进行器身干燥处理。

41. 铁芯接地引线过长导致发生外部放电

问题描述：××工程某台低端换流变压器绝缘试验前长时感应电压试验时，网侧上部出线对铁心接地线放电，试验未通过，见图 2-74。

原因分析：是操作人员经验不足，将铁心接地引线配置过长，导致网侧首端引线与铁心接地引线间的绝缘距离不够，在局放试验时发生放电。

处理措施：处理放电部位污染，重新配置

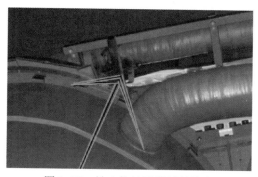

图 2-74　铁心接地引线过长放电

铁心接地引线并确保可靠绝缘距离。

42. 铁心对夹件的绝缘电阻不合格

问题描述：××工程某台高端换流变压器出厂试验，铁心对夹件的绝缘电阻0.6MΩ，不合格。

原因分析：工艺过程缺陷。

处理措施：在铁心与夹件间串联1组ZnO电阻。

43. 铁芯上铁轭拉带过热

问题描述：××工程某台高端换流变压器做完温升试验后，色谱分析发现绝缘油中出现乙炔（最大含量3.78μL/L），甲烷、乙烷、乙烯等特征气体含量也有不同程度增长，见表2-4和图2-75～图2-76。

表2-4　　　　　　　　　换流变压器绝缘油气相色谱分析数据

含量 （μL/L）	10月20日	10月22日	10月23日		10月24日	
			4:00	5:30	8:30	14:00
	试验前	温升前	温升后	复试	复试	复试
H2	11.92	0	68.00	97.85	55.21	69.84
CO	3.97	4.30	9.49	11.54	8.29	9.77
CO$_2$	48.73	105.22	87.47	113.98	108.04	76.72
CH$_4$	0.38	0.51	74.04	98.85	71.78	14.68
C$_2$H$_6$	0.07	0.07	16.30	20.08	15.99	14.68
C$_2$H$_4$	0.30	0.27	114.11	140.64	112.23	102.73
C$_2$H$_2$	0	0	3.12	3.78	3.04	2.77
总烃	0.75	0.85	207.57	263.35	203.04	189.16

原因分析：经解体检查，发现铁心上铁轭两条拉带与夹件连接螺栓局部油漆膜未清理干净，有2处接触不良引起发热。

图2-75　铁心拉带发热部位　　　　　图2-76　铁心拉带烧伤痕迹

处理措施：进行了绝缘试验前长时感应电压试验同时局放测量，未发现异常，局部放电量小于100pC。重新测量绕组直流电阻未发现异常。对换流变压器进行吊盖检查，发现铁心上铁轭两条拉带与夹件的两个连接螺栓处有发热痕迹，对换流变压器进行了吊芯检查处理，更换了两条有缺陷的铁心上铁轭拉带，并对其他各条拉带进行了全面检查，未发现明显异常。复试该换流变压器试验合格。

44. 铁心旁轭波浪度大

问题描述： ××工程某台低端换流变压器器身装配完成后，对器身进行检查时，发现柱 I 旁轭下部铁心波浪度较大，形成较大"S"弯。

原因分析： 夹件及阶梯垫块不够紧实，器身下部地面不平，铁心旁柱少许倾斜，造成铁心出现波浪形变。

处理措施： 将器身吊至装配工位，落地前对地面木垫进行找平，对夹件进行重新紧固。两天后，出现"S弯"处已恢复至竖直状态，效果明显。

45. 器身铁心对夹件绝缘电阻为零

问题描述： ××工程某台低端换流变压器器身出炉压装下箱后按规定测量网侧铁心（末级铁区域）对夹件绝缘电阻时，仪表显示为零（之前在出炉及压装前此电阻均正常），经检查未发现异常，器身下箱抽真空保存（为放置器身受潮）。制造厂决定将器身撤压并拆除压装垫块，使用内窥镜检查，发现上铁轭拉带绝缘上表面破损。

原因分析： 经器身干燥前后绝缘电阻测量，制造厂认为器身进行总装压装过程中导致拉带绝缘破损。

处理措施： 对绝缘破损的拉带绝缘进行重新绝缘包扎，并对绝缘破损位置附近进行排查，避免遗留隐患。为避免类似情况再次发生，在压装前增加器身检查工序，加强对不可视部位的检查力度；并且增加器身压装后、器身下箱前夹件对地绝缘电阻测量专检工序，及早发现问题，保障产品质量的同时，避免延误生产工期。

46. 屏蔽帽安装不到位导致冲击击穿

问题描述： ××工程某台低端换流变压器在进行网侧高压端子操作冲击试验、第三次100%电压冲击时，电压、电波形发现畸变、换流变压器内部发出异常声响，试验后的油色谱显示有乙炔气体产生。

原因分析： 拉带螺栓翘起的屏蔽帽未安装到位，螺栓屏蔽帽没有扣好，消弱了屏蔽帽对拉带螺栓头部的屏蔽效果。在操作冲击电压的作用下，此处首先发生放电，沿绝缘隔板表面爬电，导致网侧引线绝缘成型件贯穿性击穿故障，见图2-77～图2-80。

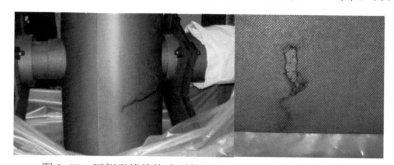

图2-77 网侧引线绝缘成型件爬电痕迹和绝缘隔板爬电痕迹

图 2-78　网侧引线绝缘成型件击穿痕迹和网侧角环击穿痕迹

图 2-79　导电杆爬电痕迹图　　　　图 2-80　夹件拉带螺栓屏蔽帽翘起

处理措施：更换一套新的网侧引线绝缘成型件，更换夹件与网侧引线绝缘成型件间绝缘隔板，更换夹件螺栓屏蔽帽。更换上述部件后.再次试验通过。

47. 引线接地线接头开裂导致试验放电

问题描述：××工程某台高端换流变压器阀侧交流外施耐压试验时发现油箱内有放电，检查发现阀侧 a 引线接地线压接接头处断裂，见图 2-81。

原因分析：操作不当造成。

处理措施：解体检查 a 引线，接地线加长并更换该接头。

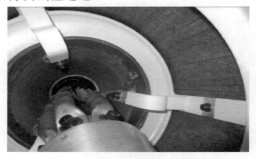

图 2-81　断裂的接地线压接头

48. 引线距离不够导致冲击未通过

问题描述：××工程某台高端换流变压器 60%试验电压和第一次 100%试验电压下两次冲击试验比较时电压波形及试伤电流波形有明显变化，见图 2-82～图 2-84。

原因分析：问题由调压引线相互之间的绝缘距离未按设计要求生产造成。

处理措施：改正并更换受损绝缘材料后试验通过。在后续工程中加强其对生产过程中的质量控制，尤其是要加强对关键工序中及出现过问题的工序的检验和控制程序。

49. 阀侧套管油室有气，局放超标

问题描述：××工程某台低端换流变压器，阀侧外施交流电压耐受试验和局部放电测量试验时局部放电量超标，见图 2-85。

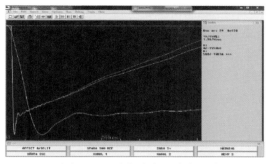

图 2-82　雷电冲击试验电压波形图

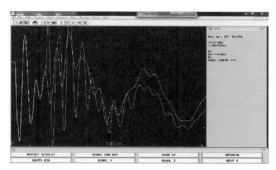

图 2-83　示伤电流波形图

图 2-84　调压引线图

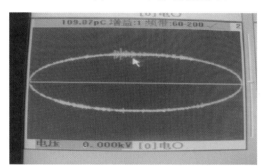

图 2-85　局部放电波形

原因分析： 阀侧套管油室有气。

处理措施： 将产品主体油下撤到阀套管升高座以下，进行抽真空处理，然后主体注油静放，静放后试验。重新试验通过。

50. 夹件绝缘电阻不合格

问题描述： ××工程某台高端换流变压器进行绝缘电阻测量时，发现其夹件绝缘电阻仅为 6MΩ，不符合≥500MΩ 的要求，见图 2-86。

原因分析： 该缺陷属于总装配遗留缺陷。在该台换流变压器总装配时，当器身下箱定位后，发现了器身底部一块绝缘纸板破损，由于受器身露空时间的限制未处理。绝缘材料破损情况见图，其中橡胶垫缺损部分为总装配时，

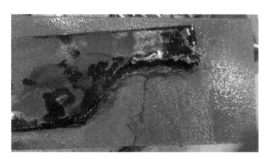

图 2-86　破损的绝缘纸板

操作人员检查绝缘纸板破损情况时挖掉的，黑色部分为油渍。

处理措施： 换流变压器二次芯体检查时对上述缺陷进行了处理，在器身底部与油箱的 28 处绝缘部位各加了一块 2mm 厚纸板。处理后夹件绝缘电阻合格，阻值达到 5000MΩ 以上。

51. 热压时下压板开裂

问题描述： ××工程某台低端换流变压器器身出罐热压服，下压板（肺叶垫板）一处开裂。

原因分析： ① 烘烤过程中垫块内外温度不均匀所致，由于垫块是热的不良导体，当

垫块外层达到要求温度后，内部肯定达不到要求温度，所以外部水分快速流出，而内部水分无法流出，导致垫块被挤裂。② 温度升高过快导致绝缘件开裂。

处理措施： 对于大于或等于 0.3mm 的裂缝，由总装工序通知绝缘件车间安排人员用手枪钻 M14 孔。钻孔前用电缆纸对器身、引线防护好，钻孔后用 M16 丝锥攻丝，用高强度玻璃纤维的绝缘螺杆紧固，伸出压垫板的螺杆并锯平，钻孔、攻丝、锯平时均开启吸尘器清理，确保粉末不进入器身中。

52. 压服不到位

问题描述： ××工程某台低端换流变压器器身二次干燥热压服不到位。

原因分析： 压紧装置行程不够。

处理措施： 制造厂工艺部决定增加纸圈后重新压服，所以回罐继续表面干燥，待纸圈完工后继续压服。通过回罐处理压服尺寸达到图纸要求。

图 2-87 螺栓松散落情况

53. 阀侧 b 升高座固定出线装置的螺栓脱落

问题描述： ××工程某台低端换流变压器阀侧 b 相升高座运至现场安装时，拆开升高座发现出线装置 4 只固定螺栓松脱，平垫和纸垫掉落，见图 2-87。

原因分析： 出厂时该螺栓（共有 6 只）没有拧紧。无拧紧该螺栓的工艺要求和生产记录。

处理措施： 由于现场不具备处理条件，将该升高座运回制造厂处理。返厂后，经紧固螺栓，按厂工艺流程处理完成，运回现场。

54. 阀出线管与均压球的角度与距离不满足要求

问题描述： ××工程某台高端换流变压器在进行总装配时，阀 a 出线管与均压球之间的距离不满足工艺条件要求（标准 18～25mm）。

原因分析： 制造过程偏差满足要求，积累偏差较大。

处理措施： 重新调整阀出线管角度与距离，保证与均压球的连接角度与距离在工艺标准范围之内，合格。

55. 下夹件漆面不均匀

问题描述： ××工程某台低端换流变压器下夹件漆面喷涂不均匀（漆面要求大于200μm），且局部出现微小裂纹现象。

原因分析： 喷涂不均匀，不符合工艺要求。

处理措施： 经与厂方研究，将下夹件返回焊接车间，重新进行打磨及喷漆处理，最终达到工艺要求合格后进行铁心装配。

56. 铁心油道位置不正确

问题描述： ××工程某台高端换流变压器铁心叠装时，错把 26 级之中的油道叠入 26

级与 27 级之间。

原因分析：以往工程的油道多位于 26 级和 27 级之间，但本次的图纸更改为 26 级之中，操作者不按图纸，而按经验操作。

处理措施：将已叠至 28 级的铁心片拆至 25 级，重新按图纸叠装。

57. 铁心离缝偏大问题

问题描述：××工程某台高端换流变压器铁芯两旁柱下夹件拉带处主级与次级之间缝隙过大，为 8mm 左右，在现场已向操作者及质管提出纠正。

原因分析：是由于夹件拉带收紧压力过大导致，经测量夹件间距尺寸，比图纸尺寸小 8mm 左右。

处理措施：经设计、工艺、质管现场确认，对夹件拉带收紧力重新调整，测量夹件间距达到图纸要求尺寸。

58. 铁心端面生锈

问题描述：××工程某台低端换流变压器旁柱下部，铁心端面有锈迹，易引起片间短路，增加铁心损耗。

原因分析：端面未及时防锈漆处理造成。

处理措施：操作者用酒精对端面锈迹擦拭掉，并用防锈漆涂在清理的部位。

59. 铁心片间离缝

问题描述：××工程某台低端换流变压器铁心端面铁心片间离缝。

原因分析：金属拉带和铁心旁柱之间的绝缘垫板不平，造成金属拉带拉紧夹件时，绝缘垫板不平处因摩擦力的作用，将原铁心端面铁心片离缝，形成 3mm 大小的间隙。

处理措施：将拆旁柱边下夹件的拉带，卸下原来不平的绝缘垫板，送绝缘车间返工处理，将修理好的绝缘垫板放置好，拉紧金属拉带，压紧铁心，使铁心片无缝隙。

60. 铁心硅钢片碰伤

问题描述：××工程某台高端换流变压器在器身干燥后进行处理压装整理检查时发现，靠近柱Ⅲ一侧的铁心端部的铁心片有碰伤痕迹，见图 2-88。

原因分析：器身预装配扣箱盖时，操作者不注意导致箱盖下沉处与铁心相撞。

处理措施：对铁心受伤部位处理，处理平整，漆脱落部位进行补漆处理。

61. 铁心接地线漏包绝缘

问题描述：××工程某台高端换流变压器器身装配完工后，联合检查时发现铁心接地线漏包绝缘。

原因分析：操作者粗心大意。

处理措施：重新对接地线按要求包绝缘。

测量结果：处理后满足要求。

62. 铁心硅钢片损伤

问题描述：××工程某台高端换流变压器在铁心叠积时检查发现，已叠装和待叠装的硅钢片有损伤现象，不符合标准要求，见图2-89。

图 2-88　铁心硅钢片碰伤　　　　　　　　　　图 2-89　铁心硅钢片损伤

原因分析：硅钢片转序过程中没有做好防护，材料断面磕碰造成的。

处理措施：剔出损伤的硅钢片。

63. 铁心油道绝缘电阻偏低

问题描述：××工程某台高端换流变压器在铁心绑扎时检查发现，铁心油道间绝缘电阻不符合标准要求，标准要求为≥0.5MΩ，实测为0.3MΩ。

原因分析：经查在制作粘接油道垫块过程中没有做好防护，材料表面不清洁造成的。

处理措施：对已叠积的铁心进行拆解至（B和C之间）叠片位置，对油道表面进行清洁处理，复测油道间绝缘电阻为1.0MΩ，符合标准要求。

64. 铁心接地线长度配置不足

问题描述：××工程某台高端换流变压器铁心叠装至28级、需安置贯通铁心的接地线时发现，接地线比要求长度短1m多。

原因分析：配置的长度规格不满足要求。

处理措施：重新提供了一根合格的接地线予以更换处理。

65. 夹件、拉板接触不良导致温升试验产生乙炔及局部过热

问题描述：××工程某台高端换流变压器进行第二次出厂试验，温升试验1h取油样色谱分析、检测出有乙炔，MR开关中检测出有氢气。箱沿局部发热、局部温度为117℃。在发热部位加了块铜板继续温升2h后局部温度为65℃，但乙炔仍有增加、温升试验终止。2月19日吊开关检查无异常。22日吊出箱盖进行检查，发现铁心上轭横梁调压侧，连接螺栓垫板过热发黑。共4块横梁，其中中间两块过热发黑，见图2-90。

图 2-90　横梁过热

原因分析：横梁压板接触面加工精度、光洁度不合格引起接触过热，导致油中产生乙炔

等气体。

处理措施：① 联接板接触面重新加工通过精度及光洁度，螺栓紧固按照图纸规定进行。② 对其余 3 台产品同样措施进行改进。③ 换流变压器组部件结构及加工，设计应当严格按照图纸规定。

66. 铁心问题导致长期空载产气问题

问题描述：××工程某台高端换流变压器在长时空载试验进行 4h 后，上部油样发现 0.42μL/L 的乙炔。长时空载试验结束 6h 后再取油样检测，未检出乙炔。再次进行长时空载复核试验，前 6h 油中均未检出乙炔，从第 7h 开始，上部油样检出 0.09μL/L 的乙炔，中、下部油样均未检出乙炔。吊盖检查情况如下：① 铁芯上轭铁芯片较松，有较大缝隙、铁芯尖角有弯曲现象。② 旁轭上部溢出的半导体胶液。更换旁轭上部拉带垫块，紧固上铁轭，铁心上角部加垫绝缘，清理旁轭上部溢出的半导体胶液。回装后再进行长时空载试验仍有乙炔产生。再次紧固拉板螺栓；用变压器油对铁芯级间油道进行冲洗。全面清洁后重新注油工艺处理。

原因分析：由于上铁轭未夹紧，随空载时间增长，磁密增加，铁芯振动，导致铁芯尖角碰触发生间歇放电，从而产生乙炔；也可能引起拉板和夹件的齿联结合面发生微小的蠕动，从而引起接触电阻增加，引起局部过热，产生微量乙炔，此过程是断续的，所以油样检测时有时无。

处理措施：通过上述排查、处理，认为有效的处理措施为：① 上轭弯曲的铁芯尖角平整化处理；② 充分紧固拉板螺栓，以免出现拉板和夹件的齿联结合面发生微小的蠕动；③ 对铁心进行充分清晰。④ 全面清洁、清理器身上的异物和杂质。进行复合试验，分别进行了 12h 1.0 倍、12h 1.05 倍、24h 1.1 倍长时空载试验，油样检测合格，通过试验。

图 2-91 夹件锈蚀

67. 铁心夹件油漆脱落锈蚀

问题描述：××工程某台高端换流变压器铁心夹件油漆脱落锈蚀，见图 2-91。

原因分析：属运输中剐蹭问题。

处理措施：厂方对夹件油漆脱落锈蚀部位进行修复。

68. 铁心夹件定位钉焊接处油漆裂纹

问题描述：××工程某台低端低端换流变压器器身一次出炉压装时，发现换流变压器器身上部高压侧铁心夹件多个定位钉焊接处油漆出现明显裂纹。

原因分析：夹件漆膜过厚导致。

处理措施：改进油漆易积累处的油漆涂装工艺。经过后续产品跟踪，晋北项目没有再发现夹件油漆开裂的问题。

69. 铁心铁轭厚度超差问题

问题描述：××工程某台高端换流变压器换流变压器铁心叠装完成，质检人员进行现场检查，发现铁心铁轭厚度实际值和设计值相比较，负公差达到10mm，不符合质量控制的要求（±2mm）。

原因分析：铁心下半部分叠装时，现场工作人员每一级叠装完成后均测量厚度，无论单级厚度还是下半部分总厚度均符合工艺要求；叠装上半部分时，每级叠装片数完全与铁心下半部分一致，并未做到每级叠装完成就测量厚度的工艺要求，致使叠装完成后总厚度超差。导致上下两部分铁心叠装片数一致，厚度却不一致的原因在于，硅钢片横剪与纵剪过程中，产生的毛刺因为加工批次不同而不同，硅钢片的厚度也存在一定的波动范围。现场操作人员没有按照操作规程进行测量导致公差积累超标也是重要原因。

处理措施：将铁心上半部分拆除，重新叠装，采取局部级加片的方式进行处理。加片的级为第2，4，5，6，14，25，26级（以最大级为第1级），每一级加的片数为4，4，4，4，6，2，1。铁心叠装完成后测量铁轭厚度，设计值相比正偏差2mm，结果合格。

70. 铁心存放油道未按工艺防护

问题描述：××工程某台高端换流变压器铁心制作完成在存放时，未按工艺要求进行油道粉尘防护，油道部分区域未贴防粉尘的密封条。

原因分析：操作者违反工艺要求。

处理措施：要求厂家对铁心油道进行全面的彻底粉尘防护，铁心车间操作者已按工艺要求马上进行整改。经过检查确认，铁心油道已进行全面的粉尘防护，达到工艺要求。

71. 负载加温局部过热产气

问题描述：××工程某台高端换流变压器进行负载加温工艺处理时，因柱2网线圈局部短路，由此产生的过电流导致该柱网线圈局部烧毁，且有乙炔等气体产生，见图2-92～图2-93。

图2-92 烧损绕组部位　　　　　　　图2-93 烧损绝缘部位

原因分析：过电流试验时，网侧实加电流约600A。短路环形成后，故障相柱2形成一个低电抗回路，绝大部分实加电流在故障相柱2流通，再根据磁热平衡原理，短路电路估算值约为 2500A，该电流仅在轴向四组合导线中的单根（短路根）流动。短路根中电密约为线圈单根导线中额定通过电流的 85 倍。线圈烧毁点首先应该出现在短路点。其后，短路点附件导线陆续烧蚀融化，可以在线圈中引发新的短路环。融化的铜瘤向下流动，损毁导线绝缘，引发段与段之间更小的短路环，烧毁点应该在短路下部附件且散热条件差的线圈幅向中心。

处理措施：事故发生后，厂家进行了拆装解体检查，制定并开始实施返修计划。具体如下：① 更换柱 2 网线圈和调压线圈。② 更换柱 2 网线圈和调压线圈上下部端圈和角环。③ 柱 2 网线圈和调压线圈的静电板进行修复，表面绝缘纸更换 2～3 层，彻底去除表面污物。④ 检查柱 2 阀线圈和柱 1 全部线圈表面状况。并对拆装损坏件进行更换。⑤ 更换柱 2 阀线圈上端部一层角环。⑥ 更换两柱线圈组装中受污染的绝缘纸板。⑦ 对油箱及附件内表面，储油柜，升高座内表面，套管浸油部分，网、阀侧出线绝缘内表面，网阀侧出线装置内表面，压板，磁屏蔽，有载分接开关，有载分接开关电阻器，避雷器，引线夹持件，铁心夹件绝缘等部件进行清理。⑧ 更换网侧出线装置的全部绝缘件。⑨ 更换阀侧出线装置外表面防护筒。⑩ 清洁铁心表面，更换夹件肢板绝缘件。⑪ 清洁油箱内部全部电缆表面，具体方法为去掉两层电缆纸，包扎两层新电缆纸。⑫ 在全面清洗内部组件的同时，根据网线圈油路特点，重点检查和清洗容易受污染部位和炭灰容易囤积部位，避免再次污染，确保产品试验合格。

72. 上铁轭垂直度偏差超标

问题描述：××工程某台高端换流变压器铁芯旁柱上铁轭垂直度偏差超标。

原因分析：上铁轭插片后调整不到位。

处理结果：松开夹件，重新调整、整理，满足要求（垂直度 5mm 以内）。

73. 均压环绝缘损伤

问题描述：××工程某台高端换流变压器安装阀侧末端套管时，牵引拉杆滑落，撞击导致该升高座内均压环绝缘损伤，见图 2-94。

原因分析：操作疏忽导致该事故。

处理结果：重新制作，并更换该绝缘。

74. 阀均压管绝缘位移

问题描述：××工程某台高端换流变压器安装阀首端套管时发现均压管外包绝缘（靠近绕组侧）错位 30mm，见图 2-95。

图 2-94 绝缘受损处

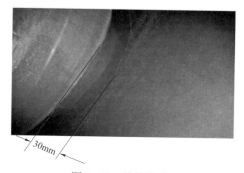

图 2-95 绝缘位移

原因分析：器身下箱后，对该均压管调节时，未松开均压管固定夹持，导致该均压管绝缘位移。

处理措施：① 进入油箱内部，剥开屏蔽管绝缘层检查；② 绝缘皱纹纸干燥处理至合格；③ 调整屏蔽管与套管配合尺寸；④ 重新恢复屏蔽管绝缘厚度。

75. 夹件绝缘不合格

问题描述：××工程某台高端换流变压器在进行绝缘电阻测量时，发现其夹件对地绝缘电阻仅为 1.0MΩ，不符合应≥500MΩ 的要求。

原因分析：该换流变压器在器身下箱封盖定位后，测量夹件对地绝缘电阻为 300MΩ（要求：注油前应≥50MΩ），由于该换流变压器运输前器身未浸过油，总装配时器身底部有一块纸板安装不正，在运输过程中引起的位移导致绝缘电阻下降。

处理措施：试验结束后，开盖起吊器身（约 100mm），摆正减震垫和绝缘纸板垫，在器身底部所有与夹件绝缘部位各增加一块 2mm 厚纸板。处理后夹件绝缘电阻 4000MΩ，符合应≥500MΩ 的要求。

图 2-96　套管汇流环碰伤

76. 均压罩内绝缘损伤

问题描述：××工程某台高端换流变压器拆除阀套管，当插拔头脱出时将均压罩内绝缘碰伤，套管下端（法兰以下 500mm 处）35mm 的汇流环碰伤，见图 2-96。

原因分析：套管与升高座尺寸配合不良，套管拆装费力，作业防护措施不当，其插拔头脱出时套管回晃。

处理措施：① 屏蔽管：拔开屏蔽管接头处绝缘检查屏蔽管接头无异常。② 均压罩：检查均压罩（环）无损伤变形，内绝缘损伤处修整。③ 套管：更换汇流环。均压罩内绝缘修整符合设计和工艺要求。套管汇流环碰伤处理后满足设计和性能要求。

77. 绝缘件处理问题导致阀交流外施试验局部放电量超标

问题描述：××工程某台高端阀侧交流外施耐压试验，施加电压 500kV（试验电压 687kV），阀 a 局放值 500pC，阀 b 局放值 100pC，不满足技术协议要求（≤100pC）。试验后油色谱正常。

原因分析：可能为冬季环境温度较低，绝缘件浸油时油温偏低，个别较厚绝缘件未浸透油。

处理措施：对产品进行 10h 加电油循环工艺处理后静放，再次试验通过。

78. 静电环损伤导致预局放试验放电

问题描述：××工程某台高端换流变压器因现场铁心错位返厂修复（铁心重叠）后开始预局部放电试验，1.5 倍电压起始，5min 后局放量变大，变压器内部出现异常放电声，试验后油色谱出现乙炔（上部 438.77μL/L、中部 7.89μL/L、下部 0.08μL/L），见图 2-97～

图 2-98。

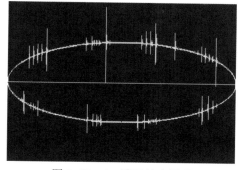

图 2-97 1.1 端子放电图形

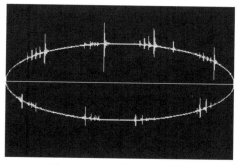

图 2-98 2.1 端子放电图形

原因分析：解体检查分析为柱 I 调压线圈静电环垫块经二次压装静电环绝缘破损导致击穿放电。

处理措施：更换调压线圈，并对该处优化，垫块黏结至角环上避免移位，复试试验通过。

79. 引线绝缘包扎质量问题导致阀交流外施试验局部放电超标

问题描述：××工程某台高端换流变压器阀交流外施耐压试验电压升至高端时，局部放电量超标（约 500pC），经过排查，疑似阀侧套管问题。更换另一台高端换流变压器配套阀侧套管后，ACSD 试验施加电压 680kV，局部放电量达到 2000pC，重新加电再试，合闸后局部放电超标。取油样化验分析已经有乙炔产生，含量 0.19ppm，超声定位基本确定故障位置位于开关操作箱位置。

原因分析：放油进箱检查，发现调压 3～4 分接引线绝缘损伤，有爬电痕迹，分析认为引线绝缘包扎质量问题导致。

处理措施：将引线破损处绝缘拆除，重新更换、包扎绝缘。复试该试验，试验通过。

80. 夹件、拉板装配质量问题导致温升试验产气

问题描述：××工程某制造厂共计 7 台换流变压器出厂试验时出现温升试验产气问题问题。

原因分析：夹件、拉板装配质量不良导致接触过热。

处理措施：

（1）低端第 1 台故障排查及故障处理。温升试验后油样异常，乙炔 0.08μL/L。排油并吊箱盖，在调压侧上梁铜排上增加两根截面积为 240mm^2 的电缆，见图 2-99。

图 2-99 夹件-横梁加装电缆

按以上方案处理后，再次进行出厂试验并顺利通过所有试验，温升试验后油样结果见表2-5所示。

表2-5 温升试验后油样结果（一）

色谱结果	温升试验后	色谱结果	温升试验后
H_2	0.68	C_2H_4	0.83
CO	5.12	C_2H_6	0.2
CO_2	48.63	C_2H_2	0
CH_4	0.81	C_1+C_2	1.84

（2）低端第2台故障排查及故障处理。温升试验后油样异常，乙炔0.21μL/L。排油并吊箱盖，在调压侧上梁铜排上增加两根截面积为185mm²的电缆，复试温升试验仍有乙炔产生。将增加的电缆截面积改为300mm²，复试温升试验仍有乙炔产生。采用取消铜排和电缆，在调压侧夹件与上梁接触处采用全绝缘加跨接铜排的方案，见图2-100。

图2-100 夹件–拉板加装铜排

按以上方案处理后，器身下箱、真空注油、静放、试验，温升试验后油样结果见表2-6。

表2-6 温升试验后油样结果（二）

色谱结果	温升试验后	色谱结果	温升试验后
H_2	0.42	C_2H_4	0.47
CO	6.55	C_2H_6	0.2
CO_2	91.7	C_2H_2	0
CH_4	0.55	C_1+C_2	1.22

（3）低端第3台故障排查及故障处理。温升试验后油样异常，乙炔0.21μL/L。排油并吊箱盖，在调压侧上梁铜排上增加两根截面积为300mm²的电缆，复试温升试验仍有乙炔产生。吊芯打磨上梁与夹件的接触面，复试温升试验仍有乙炔产生。采取调压侧夹件与上梁接触处采用全绝缘加跨接铜排的方案，再次做出厂试验，所有试验均顺利通过，温升试验后油样结果见表2-7。

表 2-7 温升试验后油样结果（三）

色谱结果	温升试验后	色谱结果	温升试验后
H_2	2.04	C_2H_4	2.47
CO	3.81	C_2H_6	0.42
CO_2	41.79	C_2H_2	0
CH_4	2.03	C_1+C_2	4.92

（4）低端第 1 台故障排查及故障处理。温升试验后油样异常，乙炔 0.28μL/L。排油并吊箱盖，在调压侧上梁铜排上增加两根截面积为 240mm² 的电缆，复试温升试验仍有乙炔产生。将增加的电缆截面积改为 300mm²，复试温升试验合格，温升试验后油样结果见表 2-8 所示。

表 2-8 温升试验后油样结果（四）

色谱结果	温升试验后	色谱结果	温升试验后
H_2	2.13	C_2H_4	2.97
CO	19.24	C_2H_6	0.61
CO_2	155.96	C_2H_2	0
CH_4	2.67	C_1+C_2	6.25

（5）低端第 2、3、4 台故障排查及故障处理。上梁与夹件接触处采用全绝缘加跨接铜排的处理方案后，温升试验油样结果均显示有乙炔。将其中 1 台吊箱盖，对器身进行低电压通流试验，试验发现旁柱上梁等电位的螺栓有过热现象，进一步检查发现旁柱拉螺杆与其上梁之间接触导通，见图 2-101。

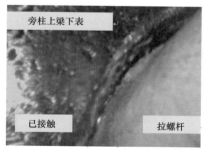

旁柱上梁下表
已接触
拉螺杆

(a) (b)

图 2-101 旁柱拉螺杆与其上梁之间接触导通
（a）整体图；（b）局部图

通过调查，该 3 台低端换流变压器器身起吊采用的是 4 点起吊的方式。在落箱起吊器身时，调压侧芯柱拉螺杆位置只装配了异形螺母，没有安装异形螺母以上部分的铜排和螺母，这也加大了旁柱拉板和上梁的承重，扩大了其变形量，见图 2-102。

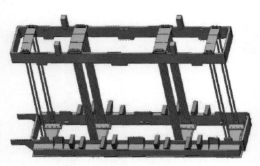

图2-102　4点起吊方式

低端换流变压器器身起吊采用的是8点起吊的方式，根据模拟分析，采用4点起吊的方法旁柱上梁及拉杆累计变形量远大于8点起吊的方法的变形量。在器身吊入油箱过程中，调压侧芯柱拉螺杆位置只装配了异形螺母，没有安装异形螺母以上部分的铜排和螺母；吊梁的吊钩直接安装在上夹件的吊耳，起吊器身时导致上夹件中间有向上微小变形，同时起吊后异形螺母有微小松动（使用960N·m力矩有转动），这也表明上夹件中间部分向上变形的趋势。最终夹件调压侧（非开关侧）比中间位置低，加上旁柱上梁和拉螺杆的变形，使得旁柱上梁与拉螺杆接触，造成旁柱上梁、等电位螺杆、上夹件和拉螺杆之间形成环流，在温升试验过程中，此环流在等电位螺杆位置发热导致油样异常。

该三台换流变压器起吊方式都改为8点起吊；首先对旁柱上梁与拉螺杆配合孔位扩孔处理；在夹件与拉螺杆之间增加2层NOMEX纸，确保其被隔开；按工艺恢复变压器，重新试验通过。试验后油样结果见表2-9。

表2-9　　　　　　　　　　　　试 验 后 油 样 结 果

色谱结果	第2台	第3台	第4台
H_2	0.22	0.38	0.9
CO	3.84	6.23	3.06
CO_2	64.5	62.96	55.82
CH_4	0.38	0.32	0.73
C_2H_4	0.24	0.35	0.78
C_2H_6	0.1	0.08	0.18
C_2H_2	0	0	0
C_1+C_2	0.72	0.75	1.69

81. 避雷器装配错误导致预局放放电故障

问题描述：××工程某低端换流变压器预局放试验，当电压升高至$1.5U_m$持续2min时突然跳闸，局放量无明显变化，后取油色谱分析发现乙炔含量0.07μL/L，试验停止。

原因分析：因操作工人疏忽，调压侧Ⅰ柱氧化锌避雷器引线接反，引线标号和阀片上标号不对应，造成其中一级之间电压加倍，在进行绝缘前预局放时将阀片击穿。

处理措施：网侧上夹件与开关托架之间的绝缘纸板全部更换为重新加工并经干燥处理后的绝缘纸板。断开Ⅰ柱调压引线和氧化锌阀片的引线连接，整体取下Ⅰ柱氧化锌阀片装配，逐级测量氧化锌阀片之间电阻。对氧化锌避雷器进行解体，仔细检查每一片氧化锌阀片表面是否有划痕损伤或其他异常现象。更换被击穿的一组（7片）和其他有污迹的7片氧化锌阀片,重新组装Ⅰ柱氧化锌避雷器装配,更换所有绝缘螺杆及绝缘垫条,彻底清洁部分固定板和其他零件上的污迹,安装完成后再次测量电阻,合格后恢复引线及绝缘。现已更换完损坏的避雷器阀片及绝缘件,重新总装配后进行复试通过。

82. 铁轭端面有锈迹及开胶现象

问题描述:××工程某台高端换流变压器器身出炉后,发现下铁轭端面有锈迹;绝缘垫块与纸板开胶现象。

原因分析:夏季天气潮湿所致;垫块与纸板粘接不牢,导致器身干燥后出现开胶现象。

处理措施:锈迹处用柠檬酸擦拭,开胶处用胶将垫块与纸板粘接,结果满足要求。

83. 阀侧出线装置连接金具表面存在氧化痕迹

问题描述:××工程某台换流变压器器身干燥出炉发现阀侧出线装置内侧连接金具表面存在严重氧化痕迹(干燥过程已采取防护措施)。

原因分析:连接套表面镀层加工工艺不到位所致。

处理措施:采取措施,并制作样件模拟烘燥环境进行验证,后续产品均更改了加工工艺,未再出现氧化变色情况。

84. 冷却器风扇筒损伤问题

问题描述:××工程某台低端换流变压器边缘侧一组冷却器最下部的1只风机风扇桶损伤变形且油漆脱落,见图2-103。

原因分析:换流变压器在转运至试验站过程中监护不到位,导致冷却器与其他物体发生碰撞,致使风扇桶损伤变形。

处理措施:冷却器厂家派人进行处理。

图2-103 风扇外壳损伤

85. 干燥空气露点值偏低

问题描述:××工程某台低端换流变压器本体充入干燥空气至50kPa后,进行本体露点测量,测量结果为-47℃,与技术协议要求露点值小于-55℃要求不符。

原因分析:本体在抽真空处理后,内部仍残留部分空气,导致露点值偏高。

处理措施:使用两台机组重新进行抽真空处理,重新充入干燥空气并测量露点值,保证露点值满足技术协议要求。

86. 升高座及出线装置表面质量问题

问题描述:××工程某台低端换流变压器阀侧电流互感器升高座内壁存在漆瘤,阀侧出线装置开孔处有毛刺及打磨时产生的粉尘纸沫,不符合质量要求。

原因分析:升高座及出线装置制作过程中,工艺过程控制不到位。

处理措施:通知过程检验员,要求清理出线装置上的毛刺及粉尘纸沫和电流互感器升高座内壁漆瘤。

图 2-104　升高座绝缘损坏

87. 阀侧出线装置损伤问题

问题描述：××工程某台低端换流变压器在试验完成后，附件拆除过程中，阀侧 4.2 出线装置在拆除完成后，检查发现阀侧 4.2 出线装置均压球外部绝缘筒内出现损伤，见图 2-104。

原因分析：出线装置拆除过程中，与器身相连均压管与出线装置发生碰撞，导致出线装置损伤。

处理措施：损坏出线装置返厂修复。

88. 器身下部定位碗漏干燥问题

问题描述：××工程某台低端换流变压器换流变压器器身干燥结束，器身转入沙漠房进行器身整理，绝缘件清理时发现器身下部定位碗未进行干燥。

原因分析：器身及其相关绝缘件进炉干燥时，由于操作失误，导致定位碗未随器身一起干燥。

处理措施：器身重新回炉保温处理，器身下部定位碗干燥后使用。

89. 换流变压器器身污染

问题描述：××工程某 2 台低端换流变压器，由于设备升级改造导致新厂房部分电路停电，为保证生产继续进行，将老厂房与新厂房间干燥空气管路间阀门打开，使用老厂房干燥空气继续生产，检查发现干燥空气内含有异物，造成器身存在受污染风险。

原因分析：新厂房与老厂房干燥空气管路间存在异物，使用前未彻底清理。

处理措施：在干燥空气出口处使用白布遮挡，打开干燥空气发生器，直至白布表面无异物；2 台变压器将进行感应局放、交流外施试验进行检查试验，若无异常则可确认未受污染，继续后续工艺处理及相关试验，否则按受污染考虑，全面返工。经过排查试验无异常，按照既定方案进行后续处理。

90. 换位 S 弯进入垫块

问题描述：××工程某台高端换流变压器换流变压器网侧第三柱编号为 B3 的线圈第116～117 饼的换位 S 弯，有进垫块现象。

原因分析：线饼未拉到最紧，在反段抽紧时带动正段的 S 弯偏移。

处理措施：要求保证线饼拉紧力度，杜绝此现象再次发生。

91. 线圈热压后绝缘局部破损问题

问题描述：××工程某台高端换流变压器换流变压器阀侧线圈在线圈入炉干燥后的压装工序完成之后，有局部线段的导线外绝缘出现破损。

原因分析：线圈外锁口撑条压力过大，外撑条与线饼表面摩擦力过大。

处理措施：现场操作人员将破损的部分用皱纹纸进行包扎。

92. 阀侧线圈静电环线圈撑条间存在缝隙

问题描述：××工程某台高端换流变压器阀侧线圈柱Ⅱ，柱Ⅲ线圈下部静电环内径与线圈撑条外径之间存在缝隙，缝隙约为2mm。

原因分析：静电环存放过程中吸潮导致尺寸超差，属于存放问题。

处理措施：将静电环进行入真空干燥炉干燥处理。经过真空干燥处理后，静电环尺寸符合设计和工艺要求。

93. 线圈受潮反弹造成角环与纸板不搭接

问题描述：××工程某台高端换流变压器阀柱Ⅱ线圈在准备进行线圈组装围屏时，发现线圈上部第一层角环未搭接在第一层纸板外，与图样不符，这样在后续线圈加压时，角环易被纸板触伤。

原因分析：阀线圈存放较长，吸潮造成线圈反弹，测量线圈反弹60mm，形成线圈上部第一层角环未搭接在第一层纸板外。

处理措施：阀柱Ⅰ、柱Ⅱ、柱Ⅲ线圈回炉干燥处理，然后加压，恢复线圈正常高度。

94. 线圈导线换位"S"弯偏移存在剪刀差

问题描述：××工程某台高端换流变压器柱Ⅲ网线圈在线圈制作时，142段至143段一个表面"S"换位，位置偏移进入垫块约5mm，按工艺要求换位应在两根垫块之间，偏移到垫块内，存在剪刀差，此处导线受力容易形成损伤。

原因分析：由于操作者在进行"S"弯制作时，绕饼段（142段）未拉到最紧，在抽紧反饼段（143段）时带动表面"S"弯偏移，正是由于操作者操作方法不正确造成换位"S"弯存在剪刀差。

处理措施：操作者重新制作"S"弯。因为是第二次发生此类问题，要求线圈车间加强操作者的技术培训，提高操作水平，满足线圈的制造要求。

95. 换流变压器导线焊接炭黑污染绝缘

问题描述：××工程某台高端换流变压器在进行导线焊接时，焊后导线炭黑直接与相邻导线绝缘接触，造成炭黑污染绝缘，可能影响产品质量。

原因分析：操作者焊接时，焊接导线与相邻导线绝缘是有绝缘纸进行防护的，但焊接人员焊接完，取掉了隔离的绝缘纸，造成下道工序操作者在清理导线炭黑并包扎绝缘前炭黑与相邻导线绝缘接触。

处理措施：要求厂家不允许炭黑与相邻导线绝缘接触，建议在导线焊接完成后先不拿掉隔离的绝缘纸，待处理完焊接导线并包扎绝缘后再去掉隔绝的绝缘纸。现厂方已按要求进行整改。

96. 调压上部引线出头包扎绝缘开裂

问题描述：××工程某台高端换流变压器调压上部引线出头绝缘发生开裂。

原因分析：由于调压引线未按工艺要求夹紧固定，使引线出头因自重弯曲后造成在干燥时开裂。

处理措施： 操作者将调压出头剥去裂开部分的绝缘重新包扎，经过检查确认，调压线圈上部引线出头绝缘已包扎好，且现调压线圈干燥前上部出头进行固定。同时要求操作者必须严格按照工艺对调压上部出头固定后才允许干燥。

97. 接地片存在尖角

问题描述： ××工程某台高端换流变压器上、下压板内部接地片存在尖角，见图 2–105。

原因分析： 操作者处理的不彻底、不认真。

处理措施： 要求操作者对尖角进行处理，剪成圆角并打磨光滑。

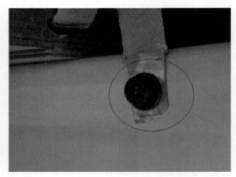

图 2–105　接地片存在尖角及处理后情况

98. 器身绝缘污染问题

问题描述： ××工程某台 6 低端换流变压器器身干燥结束出炉压装整理时发现端绝缘及线圈外部绝缘有污染。

原因分析： 由于操作防护不当，在进行器身压装后向外抽液压油管时，液压管流油造成局部绝缘污染。

处理措施： 经过落实，液压泵使用的是刚灌入的合格变压器油，经设计、工艺、总装配等有关技术人员评估，为防止漏油对器身造成不良影响，液压泵本身使用合格的变压器油，不会造成绝缘污染及影响绝缘性能。提出为了慎重，防止对器身绝缘造成不良影响，要求制造厂采取措施纠正，在后续产品器身压装作业时，对器身绝缘进行防护，防止器身绝缘被污染。

99. 磁分路绝缘垫板开裂

问题描述： ××工程某台低端换流变压器线圈套装时，发现下端磁分路绝缘垫板层间开裂，另外两件层间有开裂及涂胶痕迹。

原因分析： 在制作垫板过程中，由于设计在垫板周围加固铆钉没有铆紧，天气干燥等原因，发生开裂。

处理措施： 加固铆钉上紧，开裂处用酪素胶粘牢，按上述措施实施后，开裂处涂胶痕迹用砂纸打磨光滑，将线圈套装压装好，经检查已没有裂缝。

100. 冷却器磕碰损伤

问题描述：××工程某台低端换流变压器冷却器损伤，见图2-106。

原因分析：吊装过程中碰伤。

处理措施：冷却器返厂修理，结果满足要求。

101. 出线装置插入深度不满足设计要求

问题描述：××工程某台高端换流变压器总装配，发现出线装置插入深度不满足设计要求。

原因分析：器身定位超差，在器身定位装置灌注的固化材料凝固前未调整好器身位置。

图2-106 冷却器翅片损伤

处理措施：吊芯检查，重新调整器身位置。后续器身预下箱工作确保充分、到位，关键尺寸应逐一检查、核对。在总装配前，必须调整好器身位置。

102. 油箱底部定位销聚酯套裂缝问题

问题描述：××工程某台高端换流变压器油箱底部定位销聚酯绝缘套裂缝。

原因分析：在器身下箱预装配过程中，因器身起吊后受垂直度的影响，器身略微倾斜，造成夹件定位轴头对聚酯绝缘套碰撞挤压，导致裂缝问题的发生。

处理措施：对聚酯套逐个检查，发现有问题聚酯套及时更换，确保产品质量。

103. 组部件外露未进行遮盖防护

问题描述：××工程某台高端换流变压器一些待安装的组部件外露，没有遮盖防护极易灰尘侵入问题，见图2-107。

原因分析：操作工未及时防护处理。

处理措施：要求制造厂重视遮盖防护工作，针对杂质灰尘极易侵入产品中的防范措施落实到实处。制造厂对操作人员进行了培训，涉及变压器内部的部件均应进行隔离、遮护。

104. 未二次回炉干燥致局放超标

问题描述：××工程某台低端换流变压器冲后局放试验局部放电量超标。试验前后，油色谱分析结果无异常。网、阀放电波形见图2-108。

图2-107 组部件外露未进行遮盖防护

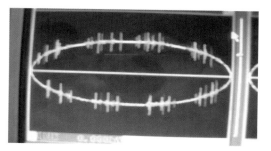

图2-108 视在放电波形

原因分析：该台产品在器身干燥环节没有进行二次回炉处理，只有一次炉内干燥，且炉内压力不足，早晚不恒定，干燥效果不好。在真空处理阶段，油箱沿用小 C 型夹夹紧，强度不够，箱沿处曾发生渗漏油现象。

处理措施：本体撤油至压板以下、抽真空、补油及静放处理。① 取消了器身二次回炉"器身表面干燥"工序。② 将原规定使用大 C 型夹变更为使用小 C 型夹，造成"夹紧"不可靠。上述两个变更使得原本成熟的工艺变为不成熟工艺，给产品带来不必要的风险。

105. 油箱盖绝缘板开裂导致局放量超标

问题描述：××工程某台高端产品长时感应耐压试验局放量超标。检查发现夹件定位钉与油箱盖的绝缘破损，见图 2–109。

图 2–109　开裂的绝缘板

原因分析：原因为操作人员违反操作规程，使该绝缘板受力过大，发生机械损伤，绝缘板开裂后定位钉螺母与盖板连通产生放电。

处理措施：更换损坏的绝缘板，后续定位钉安装严格按要求进行紧固。

106. 操作收紧工具器身未做防护

问题描述：××工程某台低端换流变压器阀 2 线圈进行线圈外部围制纸板时，未按操作规程要求，没有用接纳盒要插在收紧工具下，收紧工具操作时，齿轮啮合形成的金属屑有可能落入线圈绝缘中，影响产品的质量。

原因分析：操作者违反操作规程。

处理措施：要求操作者装上接纳盒，并要求操作者用吸尘器对可能落入金属屑的部位反复吸附，保证清理干净。同时与线圈车间负责人进行沟通，要求对员工对此现象进行强调，严格遵守操作规程，杜绝类似问题发生，保证产品质量从细微处入手。

107. 器身总装时在空气中暴露时间超过标准要求

问题描述：××工程某台低端换流变压器总装配时，在空气中暴露时间 14h（早 7:30 到 21：30），超过工艺要求时间（标准为 12h）。

原因分析：由于低端换流变压器第 1 台为该制造厂承制该工程首台产品，存在操作者不熟练的问题。

处理措施：将原来要求总装配后抽真空时间由原来达到 30Pa 以下维持时间 24h，延长到达到真空度 30Pa 以下维持时间 80h 以上。保证器身表面总装时在空气中吸潮的水分除净。

108. 抽真空时麦氏真空计使用问题

问题描述：××工程某台低端换流变压器在抽真空采用麦氏真空计测量真空度时，由于真空计内部为水银，若操作不当可能会造成水银进入油箱内部的危险，将最终影响产品质量。

原因分析：由于此工序对这种危险没有预案。

处理措施：制造厂在麦氏真空计的胶管上加装一夹子，并专人负责进行测量。从而杜绝了麦氏真空计中水银进入油箱内部的可能。

109. 升高座法兰盘密封环破损

问题描述：××工程某台低端换流变压器总装后抽真空经过数小时，真空计没反应，换流变压器本体抽真空失效。检查发现在阀侧首端升高座上部法兰盘处存在"泄漏"。

原因分析：是安装时造成该处密封环破损。

处理措施：更换该密封环。

110. 网侧高压套管及其升高座偏斜

问题描述：××工程某台低端换流变压器在总装配抽真空时，网侧高压套管 A 及其升高座向器身中心偏斜。

原因分析：器身在装箱扣箱盖安装器身上部定位时，有两个与夹件定位孔连接的定位杆的螺纹在转运过程中碰伤，造成两个定位杆无法安装（共 18 个定位），这样在抽真空时箱盖变形明显，网侧套管及升高座偏斜。

处理结果：两个定位杆送回油箱车间加工螺纹并发黑处理，定位杆处理后，产品真空注油后（油浸没绝缘，避免绝缘受潮），打开箱盖器身定位法兰，安装好两个定位杆。同时为避免后续产品出现同一问题，每台产品的定位杆在铁心叠装时，先与夹件试装，无问题后包装保存。

111. 浸渍时间不足导致局放超标

问题描述：××工程某台低端换流变压器，绝缘试验前长时感应电压试验（ACLD）局部放电量超频。$0.6U_{\mathrm{m}}/\sqrt{3}\,\mathrm{kV}$ 电压下，网侧局放量 25 500pC，阀侧 7000pC。起始电压 $0.6U_{\mathrm{m}}/\sqrt{3}\,\mathrm{kV}$，熄灭电压 $0.5U_{\mathrm{m}}/\sqrt{3}\,\mathrm{kV}$。油色谱结果无特征气体产生。放电波形显气泡放电特征。

原因分析：疑是浸渍时间不足。

处理措施：本体放部分油进行抽真空，真空处理后注油、热油循环、静放。上述处理后试验通过。

112. 绝缘件油浸时间不足导致局放超标

问题描述：××工程某台低端换流变压器绝缘试验后长时感应电压试验及局部放电量测量时，网侧局部放电量为 130pC（协议要求值≤100pC）。

原因分析：网侧出线绝缘油浸时间不足导致高电压激发后产生气泡，为气泡放电。

处理措施：12h 长时空载试验后进行"热冲"（即负载电流油循环），再次进行该试验，网局放量为 25pC，阀局放量为 45pC，满足要求。

113. 绝缘件油浸时间不足导致直流耐压试验不合格

问题描述：××工程某台高端换流变压器进行直流外施耐压试验。最后 30min 大于 2000pC 的放电脉冲个数 86 个（保证值要求不超过 30 个），最后 10min 大于 2000pC 的放电脉冲个数 9 个（保证值要求不超过 10 个），试验不合格。

原因分析：根据试验项目初步分析，与工艺处理的分散性和油的颗粒度有关。虽然油的颗粒度检查正常，但经过观察，阀侧升高座局部油循环不那么顺畅，存在局部颗粒度超标的可能性。

处理措施：5 月 21 日晚上开始进行 12h 负载加温，之后进行 24h 热油循环，待油温达到试验要求后再进行阀交流外施耐压试验，结果无异常。为了避免类似问题再次发生，后续同类直流产品采用指向性循环方式，即：主体热油循环同时，连接支管至阀侧升高座和网侧升高座上，通过控制进油口阀门开启角度，增强阀侧升高座和网侧升高座区域的油流，有效地使该区域参与循环，保持与主体油温同步，提高整体绝缘性能。具体改进方案：① 在循环入口处添加三处支管，支管通过管路分别通向阀侧升高座和网侧升高座。② 增加热油循环持续时间 8h，循环过程中，通过控制进油口至主体的阀门开关，增强 3 个支管油流，将阀侧升高座和网侧升高座油温保持同步，指向性的进行热油循环，杜绝脉冲放电故障再次放生。

114. 套管安装尺寸偏差导致温升试验产气故障

问题描述：××工程某台低端换流变压器温升试验后取油样进行气相色谱分析，发现油样中含乙烯含量超标，H_2、CO 等气体含量增速较大。

原因分析：造成产品温升试验油色谱异常的原因为此台产品阀套管采用国产套管，国产阀套管下部接线端子最大直径为 240mm，原进口阀套管下部接线端子最大直径为 140mm，套管均压球连接片（3 片）理论直径为 255mm（连接片制造公差约 2mm 左右，连接片为 3×30mm 易发生变形），阀套管均压球连接片存在局部变形导致其与套管下端接线端子带电部位靠近，套管下部接线端子、均压球连接片及阀铝管等位线之间形成一个短路环，因此进行温升试验时因漏磁产生短路环流，引起连接部位局部过热，造成变压器油分解产生少量乙烯、乙炔。

处理措施：将均压球连接片变形处进行校正，再与阀侧出线铝管及套管进行预装，确保套管下部接线端子与均压球连接片之间有足够的间隙；将均压球连接片包绝缘皱纹纸 1mm；阀出线"手拉手"及网出线按原操作工艺及技术要求进行复原。其余拆卸部位按原操作工艺及技术要求复原，再按新产品工艺要求进行干燥、总装、抽真空注油及试验。针对后续换流变压器产品，将均压球连接片包绝缘皱纹纸 1mm；在产品总装配预装时，对所有套管的连接均需采用专用工具进行检查，确保套管尾端安装符合标准要求；在预装后拆卸过程中严格按照工艺要求进行规范操作，特别是均压球存放期间对连接片（易变形或易损伤部位）要进行保护，防止其变形；在产品正式总装及现场安装时，按预装时的检测方法对套管下端部进行检查，确保套管尾端符合标准要求。

115. 运至现场后铁心发生变形

问题描述：××工程某台高端换流变压器，在现场安装时检测发现铁心–夹件绝缘电阻为 0，内检发现铁心两旁柱发生位移，冲撞记录仪显示垂直方向存在 1.7g 加速度冲击。

原因分析：在生产操作中，铁心稀纬带采用手工绑扎，绑扎力存在一定的分散性。变压器运输过程中多次受到较大的冲击，铁心存在紧固强度不足问题引起铁心片下沉移位，与夹件接触。

处理措施：器身解体，铁心放倒重叠，回装过程中采用自动绑扎机进行铁心绑扎，由分段绑扎改为连续绑扎。产品重装后进行全部出厂试验。加强变压器运输管理，减少对变压器的冲击。

第四节 试 验 问 题

1. 换流变压器冷却器及 TEC 问题

问题描述：××工程现场带电调试，某台换流变压器 TEC 存在以下问题：① 极 1 高端换流变压器首次充电时，6 台换流变压器冷却器都未启动，经 TEC 后台操作，每台换流变压器启动一组冷却器，Y/YC 相由于后台无法操作，冷却器未启动；② 12 月 29 日，15:23，极 2 高换变充电后，现场检查发现，极 2 高 Y/YC 相四大组冷却器风机全部启动，判断为 TEC 处理器故障，待更换，现场已将第一、二、三大组冷却器电源断开使其停运。

换流变压器冷却器 TEC 控制回路存在隐患：① 换流变压器充电后无法自动启动第一组冷却器；② 高端换流变压器未设置就地手动强投冷却器回路，TEC 异常情况下无法实现手动投退冷却器；③ 高端换流变压器冷却器控制回路存在单一空开故障引起冷却器全停隐患；④ 高端换流变压器冷却器状态未送至主控室，且 TEC 目前未全部接入中分一体化在线监测系统，导致无法在主控室实时监测冷却器运行情况；⑤ 高端换流变压器冷却器和主瓦斯阀门自锁手柄不可靠，存在自关的隐患；⑥ 天山站双极高端换流变压器冷却器及主瓦斯阀门转轴处存在普遍渗油现象—更换该组冷却器；⑦ 高低端换流变压器分接开关回路存在设计不一致的地方，低端换流变压器存在过载闭锁回路，不符合会议纪要高低端设计一致的要求；⑧ 滤油机报警。

原因分析：充电后未自动启动冷却器原因为，在油温/热点温度没有越限的情况下，换流变压器带电后不启动冷却器，需要修改冷却器逻辑，在换流变压器带电后实现自动启动 1 组冷却器。① 未设置换流变压器手动启冷却器回路，需同厂家和设计院完善设计，实现就地手动投入冷却器功能。② YY–C 冷却器无法后台操作原因为 TEC 未调试完成，需制造厂等尽快完成。

处理措施：北京开会讨论冷却器投退策略及 TEC 如何实现。

2. 油箱机械强度试验方法不符合协议要求

问题描述：××工程某台换流变压器油箱机械强度试验未按国网公司采购技术协议要求进行。该项目技术协议要求："油箱应进行机械强度试验：正压试验：试验时油箱中压力不小于 0.1MPa，油箱应无永久变形。负压试验：试验时油箱真空度不大于 13.3Pa，变形量应满足标准要求。"按国内产品惯例，强度试验是在油箱加工完成后器身未装入时进行。而该制造厂执行的设计、试验方法，在换流变压器整组试验完成后进行，而且正压试验达不到整个油箱内压力为 0.1MPa。

原因分析：未严格按照要求执行。

处理措施：经召开专题会议研究并与厂家达成协议：在换流变压器充油情况下，按密封检验方式进行强度试验，但油箱上部至少要达到 0.8MPa 以上的压力。厂家按此进行了试验，油箱变形量符合要求。

3. 雷电冲击试验波形参数不标准

问题描述：××工程某台低端换流变压器在进行阀侧 2.1 端雷电冲击试验时，经过反复调试最终得到的波形参数为：波前时间 2.1μs、半峰值时间 32μs 左右，与技术协议及国标中要求的波前时间为 0.84～1.56μs、半峰值时间为 40～60μs 不符。

原因分析：① 变压器雷电冲击试验的波前时间主要由被试变压器的冲击入口电容决定，由于该产品阀侧绕组的冲击入口电容较大，所以在进行阀侧绕组雷电冲击试验时才会出现较大的波前时间；② 变压器雷电冲击试验的半峰值时间主要由被试变压器的等效阻抗决定。由于阀侧绕组的等效阻抗较小，在采用了增加冲击发生器电容、采用并联运行方式、调节串联电阻等方法后，半峰值时间仍无法改善，所以在进行阀侧雷电冲击试验时才会出现较小的半峰值时间；③ 以往生产过的同类型的换流变压器，阀侧雷电冲击试验也出现过类似的情况（波形参数：波前时间 2.2μs，半峰值时间 32μs）。

处理措施：制造厂对问题原因进行了详细解释，并认为该波形参数仍能对变压器起到良好的考核作用，且承诺保证该类型换流变压器产品质量。后续建议变压器厂家就该问题开展研究，并在保证产品质量的情况下进行验证性试验，以改善波形参数。

4. 厂家试验用油与现场用油不一致

问题描述：××工程某台高端换流变压器出厂试验时，试验用油为进口尼纳斯油，而合同、技术协议指定是国产克拉玛依油 KI50X，制造厂在出厂试验结束后，将国产克拉玛依油 KI50X 直接发往现场。

原因分析：由于该制造厂生产供油系统单一能力所限，只能临时采取厂内生产供油系统的油作为试验用油。

处理措施：制造厂提供 Nynas 油与 KI50X 混油试验报告，确保对产品性能无影响。

5. 中性点套管升高座 BOX-IN 盖板放电问题

问题描述：××工程高端换流器带线路开路试验（手动）过程中，每相安排一名运维人员检查换流变压器分接开关动作情况，发现极Ⅱ高端 Y/Y B 相换流变压器中性点套管升高座 BOX-IN 盖板出现间歇放电。

查看了该换流变压器交接试验报告，其套管试验、绕组连同套管介损测量、铁心及夹件绝缘电阻测量、有载调压切换装置试验等数据均正常。现场对 BOX-IN 盖板加装了跨接线，同时将该 BOX-IN 盖板与中性点套管升高座等电位线相连接，见图 2-110～图 2-111。

再次进行开路试验，每相安排一名运维人员检查换流变压器分接开关动作情况，极Ⅱ高端 Y/Y B 相放电仍然存在，此时极Ⅱ高端 Y/D A 相换流变压器相同部位也出现放电。根据厂家建议在换流变压器空载状态下，对极Ⅱ高端换流变压器分接开关进行档位循环操作，发现放电现象出现在分接开关极性切换阶段（16～17 升档、16～15 降档），此时极Ⅱ高端 Y/Y C 相换流变压器相同部位也出现放电。期间进行分接开关绝缘油色谱试验，每半小时取分接开关瓦斯绝缘油进行油中溶解气体分析。

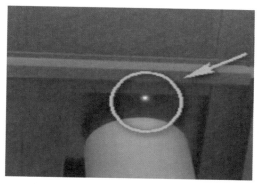

图 2-110 中性点套管升高座 BOX-IN
盖板出现间歇放电

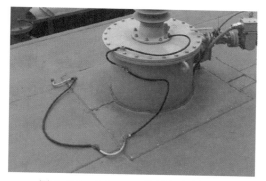

图 2-111 BOX-IN 盖板与中性点套
管升高座等电位线连接

后续现场对极Ⅱ高端 Y/Y B 相换流变压器中性点套管升高座各法兰面紧固螺栓缠绕接地铜线，换流变压器再次带电后放电减缓。再次检查双极高端换流变压器、BOX-IN 所有等电位连接点除漆情况，并对钢梁柱与 BOX-IN 进行了等电位连接，见图 2-112。

对极Ⅱ高端换流变压器分接开关进行同步性检查，发现极Ⅱ高 Y/Y A 1 号分接开关行程与 2 号、3 号分接开关差四分之一周（手摇把手旋转 90°）、Y/Y C 相 3 号分接开关行程与 1 号、2 号分接开关差一周（手摇把手旋转

图 2-112 缠绕接地铜线的法兰

360°）。现场进行调节后极Ⅱ高端 6 台换流变压器分接开关偏差不超过手摇把手旋转 10°（标准要求 150°）。为排查分接开关极性切换时束缚电阻是否未接入回路导致中性点电位异常升高放电，开展吊芯测量束缚电阻工作。由于测试方法问题，极性转换过程中，未检测到束缚电阻接入。

对进行同步性调整的极Ⅱ高端 Y/Y A 相、Y/Y C 相进行绕组直阻测试、过度时间测试。其中绕组直阻测试未发现异常，但极Ⅱ高端 Y/Y A 相升档过度时间测试无数据，降档过度时间有差异，极Ⅱ高端 Y/Y C 相升档过度时间（11ms 左右）与交接值（40ms 左右）相比偏小，降档过度时间未发现异常，判断原因为阀侧绕组与阀塔连接导致。处理后再次带电后放电现象消失。

原因分析：运维人员配合换流变压器厂家现场检查并确认全部过程后得出结论，由于分接头极性开关切换时换流变压器中性点会产生高频暂态过电压，因网侧接入 750kV 后换流变压器中性点套管升高座变长，电容耦合效应增大，在升高座外壳上感应出的高频电压增大，因此在与 BOX-IN 隔声板之间的小间隙处产生打火。个别分接开关油箱内乙炔含量增长明显（最高达到了 14.75ppm），因该区域油室相对封闭且油量较少（仅 3 吨，本体总油量约 150 吨左右），取油时气体尚未扩散至主油箱，故该乙炔含量换算至整个油箱容量增长仅为 0.3ppm 左右，对比同类试验结果，增长量水平相当。产气量在极性开关操

作后的正常允许产气量范围内（极性开关切换和束缚电阻投切时，均会在油箱内产生一定能量的放电，属正常现象）。

处理措施：为避免涡流发热风险，现场采用加强 BOX–IN 等电位接地连接措施防止放电，带电后未发生放电。

6. 油温测量就地和远方显示不一致和原因分析

问题描述：换流变压器投入运行时其油温和绕组温度就地与后台显示不一致的现象在大多换流站都出现过，有的站问题非常突出，相差达十多度。以××工程换流站调试期间为例，表 2–10 给出了额定负荷下换流变压器油温测量典型数据。

表 2–10　　　　　　　　额定负荷下换流变压器油温测量典型数据

双极功率（1.0pu）：极 1 高 2000MW，极 2 高 2000MW					
	本体测温结果			TEC 柜测温结果	
换流变压器	网侧绕温	阀侧绕温	顶层油温	网侧绕温	阀侧绕温	顶层油温
极 1 高 YD–C 相	88	92	62	76.5	80.8	60.4
极 1 高 YD–B 相	85	87	60	72.5	79.8	57.3
极 1 高 YD–A 相	93	87	63	81.6	79.9	56.2
极 1 高 YY–C 相	92	98	64	79.8	88	58.9
极 1 高 YY–B 相	94	66	65	82.7	65.9	61
极 1 高 YY–A 相	88	94	64	79.9	85.4	60.4
极 2 高 YD–C 相	88	94	65	81.6	85.9	64.1
极 2 高 YD–B 相	90	92	68	80.5	84.9	64.2
极 2 高 YD–A 相	90	95	64	84	84	63
极 2 高 YY–C 相	87	93	60	80.5	81.5	57.3
极 2 高 YY–B 相	86	96	65	84.3	84.3	61.7
极 2 高 YY–A 相	94	95	66	84.2	84.2	61.2

根据表 2–10 统计数据，在额定负荷运行时，网侧绕组温度远方与就地最大差 12.5℃，阀侧绕组温度最大差 11.2℃，顶层油面温度最大差异 5.1℃，见图 2–113。

原因分析：系该绕组温度计匹配的电流变送器设置错误所致。根据换流变压器温控系统技术资料，就地温度显示和远方后台显示温度分别来源两个测温系统：① 电阻式温控系统：负责把测得的温度信号传输到远方后台。工作原理：热电阻温度传感器是利用导体电阻率随温度的变化而变化的原理制成的，实现将温度的变化转化为元件电阻的变化，一般采用 Pt100 铂电阻传感器，利用其温度微小的变化会引起电阻值的变化的特性精确测量温度。② 压力式温控系统：负责就地指针式温度计温度指示，同时也用于冷却装置控制（风扇启动、油泵启动），提供油温高报警、油温高跳闸等信号。

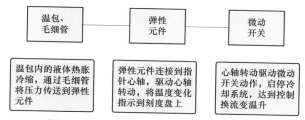

图 2-113 压力式测温、控制系统原理图

原因分析：① 结构选型。目前换流变压器都采用完全不同的两套温控系统，即电阻式温控系统和压力式温控系统，前者将所测温度通过电流变送器传到后台显示，后者指示本体油温，具有非电量保护功能。就地与远方温度计分属两套不同原理的测温系统，需分别精确调试，工作人员不调试或未完全掌握校验要点将导致就地和远传显示不一致。② 校验误差。根据查验现场校验报告，压力式温控系统校验结果一般真实可靠。电阻式温控系统各个组成部件普遍没有进行单体检测，也没有进行符合规定的温控系统联调试验，是产生差异的根源所在。

改进措施：① 压力式温度计校准：压力式温度计校准原理见图 2-114。② 电阻式温度计校准。a）TV100 电阻传感器校验，方法是将之放在恒温箱，调节不同温度，测试电阻值，与标准电阻对比。b）电阻式温控器校验；c）电流变送器校验。电阻式温控系统电流变送器原理图见图 2-115。变送器输入来自 TV100 的电阻值，如测试绕组温度，需根据套管 TA 电流，选择合适档位输入模拟量 I_p，根据换流变压器温升特性曲线整定温控器工作电流。输入标准电阻信号，通过变送器内部选档和调节，可将输出电流信号校验合格。

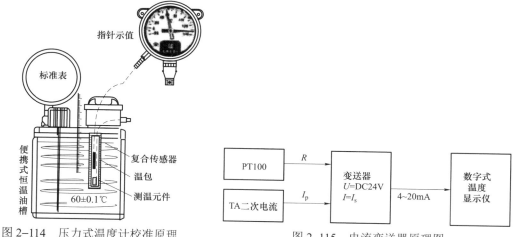

图 2-114 压力式温度计校准原理

图 2-115 电流变送器原理图

表 2-11 　　　　根据换流变压器套管 TA 二次电流选择 I_p 档位

档位号	变压器电流互感器二次额定电流 I_p	输出电流 I_s（A）	等效阻抗
A	$5 \geqslant I_p > 3$	（32～38）% $\times I_p$	$R \leqslant 0.56$
		（24～32）% $\times I_p$	
		（15～24）% $\times I_p$	
		（10～15）% $\times I_p$	

续表

档位号	变压器电流互感器二次额定电流 I_p	输出电流 I_s（A）	等效阻抗
B	$3 \geqslant I_p > 2$	（50～60）%×I_p	$R \leqslant 1.35$
		（40～50）%×I_p	
		（28～40）%×I_p	
		（17～28）%×I_p	
C	$2 \geqslant I_p > 1$	（75～90）%×I_p	$R \leqslant 2.5$
		（60～75）%×I_p	
		（40～60）%×I_p	
		（25～40）%×I_p	
D	$1 \geqslant I_p > 0.61$	（150～180）%×I_p	$R \leqslant 12.0$
		（120～150）%×I_p	
		（100～120）%×I_p	
		（50～100）%×I_p	

表 2-12 　　　　　　　　　　　　　　ΔT 与 I_s 关 系

ΔT（℃）	I_s（A）	ΔT（℃）	I_s（A）
10	0.74	26	1.19
12	0.80	28	1.24
14	0.86	30	1.28
16	0.92	32	1.32
18	0.98	34	1.36
20	1.04	36	1.40
22	1.09	38	1.44
24	1.14		

4）温控系统联调。联调试验是系统准确性的最后保障，通过在源头输入电阻变量（TV100 输出端）或者电流变量（变送器输出端），通过比对远方数显的准确度来判断系统的正确性。图 2-117 为联调过程和典型数据。需注意，系统联调仪器的精度非常重要，如，0～150℃量程的温控器，1mA 输出电流代表的温度值是：150/（20-4）=9.375℃。因此，试验仪器的精度要求达到万分之二，可以输出（或测量）电阻、电流及电压变量。

采用一体化测温装置，压力式温控器和电阻式测温器集成为一体，内置变送器，这种仪表已在变压器中广泛应用，技术成熟，校验简单方便，可靠性高，可提高就地和远方温度显示一致性。加强校验、调试

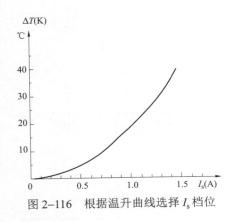

图 2-116　根据温升曲线选择 I_s 档位

以及监督验收，电阻式温控系统是关键，电流变送器的参数设置是重点，温控系统联调是发现问题的手段。

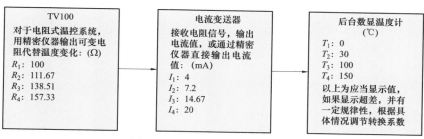

图 2-117 联调过程和典型数据

7. 满负荷运行初期过热产气

问题描述：××工程某台高端换流变压器投入运行未及 1 个月，一体化在线监测系统发现油色谱中乙烯含量突然上升，随即对该换流变压器开展油色谱离线分析，分析结果与在线监测系统基本一致。随后每隔 6h 分别对换流变压器顶部、底部、网侧 A 套管升高座、网侧 B 套管升高座和分接开关处取油样并进行油色谱分析。1 周内，乙烯含量由 50ppm 逐渐升至 180ppm，换流变压器手动退出运行。

（1）油色谱数据，见表 2-13 及图 2-118。

表 2-13　　　　　　　　　投运后油色谱分析数据

取样日	取样时间	CH_4	C_2H_4	C_2H_6	C_2H_2	H_2	CO	CO_2	C_nH_n
1	16:41	0.0	0.0	0.0	0.0	6.2	43.6	178.2	0.0
7	16:41	0.0	0.0	0.0	0.0	14.1	65.5	292.4	0.0
12	16:43	0.0	0.0	0.0	0.0	6.5	78.0	341.2	0.0
19	16:39	0.0	0.0	0.0	0.0	13.0	94.9	428.1	0.0
20	8:39	6.2	3.0	0.0	0.0	9.6	95.4	432.9	9.2
21	0:39	8.7	6.9	0.0	0.0	12.7	99.8	447.6	15.6
21	16:39	18.5	18.9	0.0	0.0	16.3	98.3	441.3	37.4
22	0:39	26.6	26.5	5.7	0.0	24.9	96.1	437.8	58.8
22	12:39	46.0	48.1	10.4	0.0	29.7	96.9	435.6	104.5
23	4:39	66.1	72.3	15.6	0.0	53.3	100.7	455.4	155.1
23	8:39	69.3	76.2	15.8	0.0	54.0	98.4	447.2	161.3
24	0:43	88.3	96.6	20.9	0.0	64.6	101.6	464.3	205.8
24	16:43	100.3	108.1	23.2	0.0	72.0	103.2	462.5	231.6
25	4:43	109.0	116.2	25.4	1.4	74.5	104.0	476.9	252.0
25	20:43	121.7	129.9	27.6	1.5	82.4	105.7	498.4	280.7
26	4:43	136.2	139.3	31.1	1.3	87.6	108.7	493.5	307.9
26	16:43	141.8	144.9	31.4	1.2	92.8	110.1	499.9	319.3
27	0:43	138.7	145.2	32.3	1.1	95.4	109.3	500.5	317.3
27	16:43	141.7	145.5	32.8	1.2	90.4	110.4	502.0	321.2
28	0:43	139.2	144.3	31.5	1.2	91.7	110.3	505.5	316.2
28	4:43	143.3	146.0	33.0	1.1	89.8	112.2	509.3	323.4

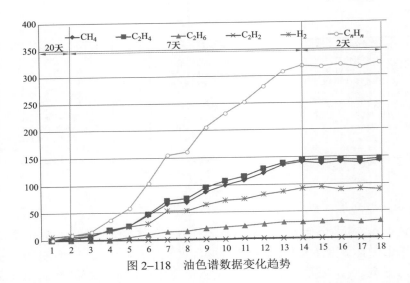

图 2-118　油色谱数据变化趋势

（2）油色谱数据分析。从所测油色谱数据看，满负荷运行条件下，乙烯增长较快，20天后含量由 0ppm 升至 180ppm；发现乙炔含量，但增长不快，停电前最终为 1.5ppm 左右；甲烷含量及增长趋势与乙烯基本一致；乙烷含量及增长趋势不大；一氧化碳和二氧化碳的含量及增长趋势均不明显增大，换流变压器顶部油样乙烯含量高于其他区域乙烯含量。根据上述特点，综合特征气体法、关于 CO、CO_2 的判据和三比值法，C_2H_2/C_2H_4 为 0.01，CH_4/H_2 为 1.59，C_2H_4/C_2H_6 为 4.66 的判断，该故障属于油中高温过热，局部温度高达 700℃。分析认为该发热点位于器身表面，与负荷电流大小有关，不涉及纸绝缘，分接开关连接处、套管接线连接处等部位被重点怀疑。

（3）现场检查。换流变压器停运后，进行了常规项目试验，测量换流变压器铁芯、夹件绝缘电阻，分别测量换流变压器铁芯–夹件及地、夹件–铁芯及地、铁芯–夹件的绝缘电阻，结果均大于 4GM，未发现绝缘电阻过小的情况；测量换流变压器绕组连同网侧套管的直流电阻，分别从 1 档至 29 档的绕组连同网侧套管直流电阻，未发现直流电阻过大的情况；测量换流变压器绕组连同阀侧套管的直流电阻，未发现直流电阻过大的情况；进入换流变压器内部，对套管电气连接、每根引线连接处进行检查，均未发现松动情况；对有载调压分接开关的选择开关、和分接开关接触电阻等进行检查，分别对 1 号分接开关和 2 号分接开关各个档位的接线情况进行检查，未发现存在螺栓松动及高温痕迹的情况。拔出网侧 A 套管和 B 套管、拔出阀侧 a 套管和 b 套管，检查升高座位置的电气连接和绝缘筒，检查套管安装的力矩，未发现有松动的情况。

（4）现场低频短路电流加热试验。鉴于现场试验和检查未发现故障点，故决定采用低频短路电流加热法试图再现发热现象。试验接线原理见图 2-119。

短路电流加热具体参数见表 2-14 所示，为减小试验接线发热，实际试验在柱 1 和柱 2 上分别进行，电流减半。

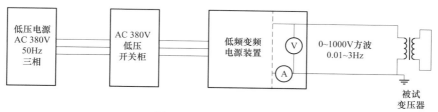

图 2-119 试验接线原理

表 2-14   低频短路电流加热试验参数

分接位置	1	15	25	
网侧电阻 R1（Ω）	0.197 81	0.180 15	0.193 85	
阀侧电阻 R2（Ω）	0.025 40			
施加电流（A，网侧）	1031/2	1152/2	1300/2	1040/2

2 柱电流均保持 24 小时，未发现产气。电流增大至 780A（增加 20%），保持加热 24 小时，仍未发现异常产气，试验终止。

（5）再投运试验。由于无法找到问题，决定重新投运带电查找问题，试验方案和参数见图 2-120～图 2-121 和表 2-15。

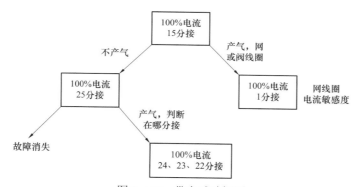

图 2-120 带电试验框图

表 2-15   实际带电试验参数

试验项目	网侧电流（A）	阀测电流（A）	持续时间（h）
100%电流，15 分接	1193	4103	4
100%电流，2 分接	1041	4103	16
80%电流，25 分接	1062	3282	10

试验起始分接开关置于 15 档的目的是只让主线圈带电，排除分接开关和调压线圈的问题，如分接接线见图 2-121 所示，后续试验目的是固定一线圈电流调节另一线圈电流以判断故障可能由哪个线圈引起。

试验结果表明，档位调至 15 档运行 2h 后，油色谱数据中甲烷、乙烷、乙烯、乙炔和氢气含量均出现较大幅度增长，总烃含量由 7ppm 增长至 53.8ppm，3h 后总烃含量由

53.8ppm 增至 61.7ppm，增长速率约为 8ppm/h。档位调至 2 档 16 小时，总烃含量由 75ppm 逐渐增至 134ppm，增长速率约为 5ppm/h。档位调至 24 档 10h，总烃含量由 134ppm 逐渐增至 170ppm，增长速率约为 3ppm/h。产气速率有所下降，见表 2-16。

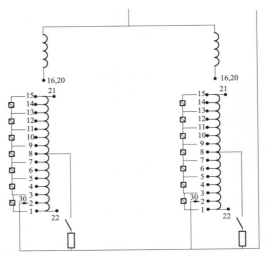

图 2-121　换流变压器分接线圈接线示意图

表 2-16　　　　　　　　　　　　　再投运后在线油色谱

电压：高端		容量：406MVA			绝缘油：克拉玛依 KI50X				油量：152 620kg	
取样时间	油中溶解气体（ppm）								Tap 档位	顶部油温（℃）
	CH_4	C_2H_4	C_2H_6	C_2H_2	H_2	CO	CO_2	总烃		
8:00	3.6	3.5	0.7	0.0	2.3	22.9	149.7	7.8	19	44.0
12:00	21.9	27.1	3.8	1.1	16.9	23.4	162.7	53.8	15	45.0
13:00	25.3	31.9	4.6	1.1	19.8	23.5	158.7	62.9	15	46.6
15:30	31.3	39.4	5.7	1.2	23.0	22.7	155.1	77.6	2	49.4
16:30	34.8	43.6	6.4	1.3	25.7	23.1	177.2	86.0	2	49.2
18:30	38.5	48.6	7.3	1.3	23.4	23.9	148.4	95.7	2	48.8
20:30	42.6	52.5	8.0	1.3	31.4	23.7	141.2	104.4	2	48.8
22:30	45.6	54.7	8.3	1.3	35.5	24.9	203.9	109.9	2	48.7
2:30	52.0	59.8	9.3	1.3	41.0	25.1	165.9	122.4	2	47.8
6:30	55.5	67.0	10.9	1.3	40.2	24.4	183.6	134.7	2	48.0
10:00	54.4	63.9	10.3	1.3	38.5	23.1	150.9	129.9	22	47.0
14:00	60.5	73.5	11.6	1.5	43.5	23.2	158.6	147.2	24	44.9
16:00	70.7	84.4	13.5	1.6	51.1	23.4	156.3	170.2	24	45.5

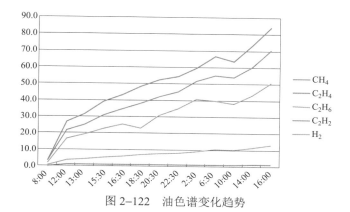

图 2-122 油色谱变化趋势

带电试验结果显示异常产气现象与第一阶段一致，故障与负荷大小有关，故障点排除分接开关和分接绕组，将该换流变压器返厂。

（6）工厂吊心检查和故障原因分析。

吊心检查。吊心检查发现，两阀侧线圈并联的联接线位置有一根导线和屏蔽等位线有烧蚀痕迹，两者相互对应，已形成短路，见图 2-123～图 2-125。

图 2-123 故障起始位置

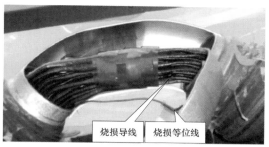

图 2-124 烧损对应位置

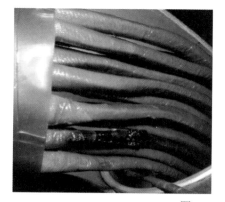

图 2-125 烧损位置放大

从发现现象看，多股连接线匝没有很好地固定在屏蔽管的中间，其中一根导线与等位线相互接触，由于运行的振动使绝缘破损而短路。

原因分析：检查的故障位置，仅接触点被烧损，部分绝缘碳化，周围是干净的，没有向两端扩散，说明接触电阻可能就是产生气体的过热点。从两线圈并联接线结构分析，阀侧线圈右边柱 2 出线通过"手拉手"连接至左边柱 1，再绕半圈后出线至直流出线端与柱 1 的出线一起短接联接套管。如果"手拉手"位置有两根导线短路，将导致柱 1 上多出的半匝线中有一短路环，在漏磁的感应下产生环流。根据模拟计算，阀侧线圈在 50Hz 额定电流下短路环的驱动电压约 2V，短路环导线电阻约 3mΩ，接触电阻与接触压力有关，压力大可能只有数十 μΩ，压力小时可能有数百 mΩ，实际运行时可能不稳定，设接触电阻为 5mΩ，短路环中的电流将有约 250A，短路点上的功耗将达约 310W。该功耗以及短路点接触不稳定导致的间歇性击穿足以在短路点上产生案例中发现的乙烷和乙炔。至于现场停电加热试验没有发现产气，分析认为，加在线圈上的电流，由于频率极低，其漏磁在短路环中感应的驱动电压很小，不足以在短路点处引发高温。今后应吸取的经验。

处理结果：该台换流变压器在修复后顺利通过 1.0pu、1.05pu、1.1pu 温升试验和其他例行试验。返运现场作为备用相。

8. 温升试验顶层油温偏高及处理措施

问题描述：××工程某台低端换流变压器在厂内出厂温升试验时情况正常，符合标准要求。发运到现场带负荷后，发现该换流变压器顶层油温升偏高。

1）出厂试验情况。

试验采用短路法，2.1～2.2 短路，1.1～1.2 输入电流。分接位置 29。冷却类型：OFAF，试验时运行 3 组冷却器。试验分两个阶段进行：

试验第一阶段施加运行总损耗（包含谐波、直流偏磁及降噪损耗），顶层油温升连续 12h 变化小于 1K 时，顶层油温升稳定。测定顶层油温升和油平均温升。

试验第二阶段将试验电流降到含谐波的负载损耗的等效电流，持续时间 1h。测定绕组温升。采用停电测量，停电后快速断开电源线及短路线，接上测量线同时测量出各绕组的直流电阻值，与温升前测量的直流电阻值进行比较，推算出停电瞬间的温度，具体见表 2–17。

表 2–17　　　　　　　　　工 厂 温 升 试 验 数 据

温升（K）					
顶层油	网绕组平均	阀绕组平均	网绕组热点	阀绕组热点	油箱表面
34.5	47.3	50.26	59.1	62.9	64.0
≤50K	≤55K		≤68K		≤75K

2）现场带负荷后油顶层温升情况。换流变压器带满负荷后，油顶层温升到达 49K，远超过工厂温升试验的 34.5K。

原因分析：经计算分析，找到了油顶层温升偏高的原因：主要是换流变压器油箱形状的原因。该换流变压器为方便放置有载分接开关，将油箱设计为一"沉台"结构，使油箱顶部成凸起形状，加之冷却器入口油管布置较低（比上铁轭顶部低 510mm），形成油箱顶部油流相对循环不畅，且顶层油温测温点处于上铁轭顶部仅 200mm 上方，导致顶层油温测量值偏高，见图 2–126。

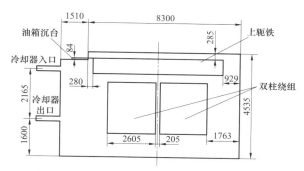

图 2-126 油箱沉台结构、上轭铁、绕组及冷却器出入口位置示意

通过采用通用流体分析软件，分别对三种工况下的顶层油温进行了计算：一是短路试验发热状态，对应变压器出厂时的温升试验状态，1200kW 总损耗；二是 1.1 倍额定电压空载运行状态，空载损耗为 280kW；三是满负荷运行状态，对应现场实际运行工况，总损耗为 1200kW。

以下是三种状态下的计算结果，其中环境温度取 30℃。

短路法温升试验状态下的计算结果（发热源为绕组）见图 2-127 及表 2-18。

1.1 倍额定电压的空载运行状态下的计算结果（发热源仅为铁心）见图 2-128。

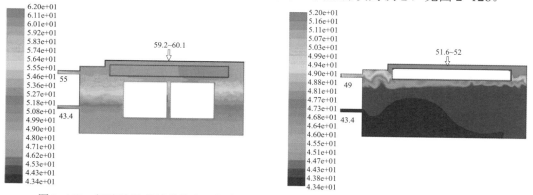

图 2-127 短路法温升试验状态下的变压器油温度分布云图（℃）　　图 2-128 1.1 倍额定电压空载运行状态下变压器油温度分布云图（℃）

满负荷运行状态下的计算结果（发热源为铁心和绕组）。

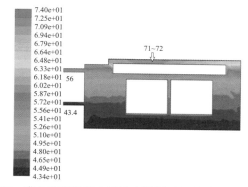

图 2-129 满负荷运行状态下的变压器油温度分布云图（℃）

不同工况油顶层温升计算与实测结果对比（K）

换流变压器工况	工厂短路法温升试验（总损耗 1200kW）	工厂 1.1 倍额定电压空载运行（280kW）	现场带满负荷（总损耗约 1200kW）
计算值	29.2～30.1	21.6～22	41～42
实测值	34.5	15.8	49

由表 2−18 看出，按照流体模型计算的温升与实测比较存在一定偏差，这可能与实际换流变压器油箱内部的具体结构复杂有关，但各工况的油顶层温升的变化趋势是相同的。

工厂短路法温升试验工况与现场带满负荷工况的油顶层温升计算值比较，后者比前者高 12K 左右；两工况的温升实测值相差约 15K。两者的总损耗相同，后者温升的偏高，在于油顶层温度计所处位置（油箱顶部）的油流不畅。现场带负荷工况时，发热源为铁心和绕组两部分。上轭铁与油箱顶盖间距仅 285mm，铁心的发热容易聚集在油箱顶部。铁轭油箱沉台结构，以及冷却器出油管位置偏低，导致油箱顶部温升偏高。1.1 倍额定电压空载运行工况下，损耗仅 280kW，但油顶层温升的计算值和实测值已分别到达 22K 和 15.8K，分别为 2800kW 总损耗时温升的 52% 和 32%，明显高于按照损耗成正比的 23%（该换流变压器为 ODAF 冷却方式，顶层油温升与损耗成正比，280kW 损耗时的油温升应仅为 1200kW 损耗温升的 23%）。这种铁心发热的工况，热量集中于油箱顶部，温升也会偏高。

处理措施：1）增设分流抽油冷却管的温升计算。在换流变压器油箱盖顶部开孔处，加接一个 200×200 方管，与冷却器入口相连。在这种情况下，油箱顶部温升计算下降至 32K，降低了 10K，见图 2−130～图 2−131。

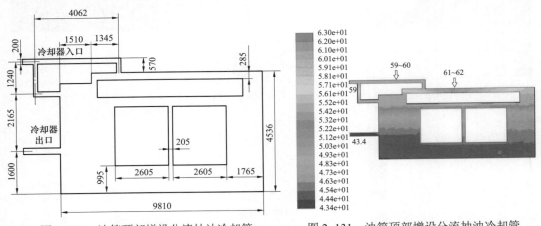

图 2−130 油箱顶部增设分流抽油冷却管　　　图 2−131 油箱顶部增设分流抽油冷却管
　　　　计算用模型及尺寸示意图　　　　　　　　　　　　后的油顶层温升计算

2）增设分流抽油冷却管后带负荷试验。该换流变压器（极Ⅱ低端换流变压器 YY，A 相）在油箱顶部增设分流抽油冷却管后，在现场带 75% 额定负荷时的顶层油温度与其他换流变压器比较，十分接近，详见图 2−132。顶层油温升约 18.5K，与满负荷时的温升计算值（30.1K）相比，基本符合按损耗成正比的规律。

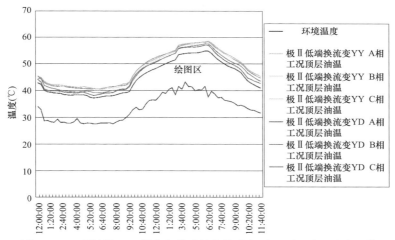

图 2-132　现场带 75%额定负荷时的各换流变压器顶层油温升实测值

3）结论。① 油箱用于放置有载分接开关的沉台结构，造成油箱顶部凸起，不利于顶部油的流动，再加上冷却器抽油出口位置偏低，导致油顶层温升偏高。按照流体模型的计算，证实了上述温升偏高的原因。② 在工厂按照短路法进行温升试验时，因为发热源（绕组）位置较低，热油较易抽出冷却，该顶层油温升偏高的问题未明显地表现出来。1.1 倍额定电压下空载运行下的油顶层温升已有所反映，但因温升值不高，也被忽略了。③ 现场带负荷时，换流变压器内部的发热源包括铁心和绕组，该油顶层温升偏高的问题才被真实地暴露出来。④ 采用油箱顶部增设分流抽油冷却管后，加强了油箱顶部油的流动，解决了该油顶层温升偏高的问题。⑤ 作为大型变压器的油箱，应尽量避免"沉台"结构，以免引起油箱顶部油温升偏高。冷却器的抽油管也应尽量布置在靠近油箱顶部的位置，以利于变压器内全部油的流动冷却。

第五节　其 他 问 题

1. 换流变压器火灾烧损

问题描述：××工程某制造厂试验大厅发生火灾，致使正在试验大厅抽真空的某台高端换流变压器烧伤受损，两支直流套管、阀侧升高座等烧伤严重，器身污染。

原因分析：380V 低压电源线路老化短路引发火灾，由于换流变压器靠墙停放，试验大厅墙壁装修材料和其他材料燃烧火源靠近换流变压器，不但造成换流变压器阀侧升高座及套管等外部部件受损，而且将真空泵与换流变压器间的真空管烧断，致使浓烟和现场烟灰等杂质粉尘被吸入换流变压器油箱内部，造成严重器身严重污染。

处理措施：制定换流变压器修复方案，评估对换流变压器交货期的影响。两支直流套管、网侧首端和中性点套管、线圈、纸板等绝缘材料及成型件（含出线装置和铁心绝缘）、套管电流互感器、有载分接开关等报废，大部分硅钢片报废。油箱机械强度试验合格，重新喷砂、喷漆处理后继续使用。该台换流变压器返修后，试验合格并发运出厂，见表 2-19

及图 2-133～图 2-134。

表 2-19 修复方案及更换材料和组部件清单

序号	部件名称	处 理 方 案	处理结果
1	套管	更换网侧、网侧中性点、阀侧套管	全部更换
2	调压线圈	重新绕制并更换全部绝缘	更换线圈
3	网侧线圈	重新绕制并更换全部绝缘	更换线圈
4	阀侧线圈	重新绕制并更换全部绝缘	更换线圈
5	静电板	剥去整个绝缘，重新包扎绝缘	更换绝缘
6	铁心	硅钢片解体逐片清理端面和表面；损伤和清理不干净者更换	旁轭和上铁轭硅钢片全部更换，下铁轭部分更换
		夹件、拉板、支撑件、垫脚等返修处理，重新喷砂、喷漆	返修，重新喷砂、喷漆合格
		所有钢拉带剥去绝缘纸（如有）后清理干净，重新喷砂、喷漆	返修，重新喷砂、喷漆合格
		所有钢质屏蔽板返修清理，重新喷砂、喷漆	返修，重新喷砂、喷漆合格
		所有拉螺杆清理干净后使用	清理合格
		所有接地片、接地线清理后使用	清理合格
		所有屏蔽（铜棒）剥去表面绝缘后清理干净，重新包扎绝缘后使用	处理合格
		铁心油道、铁心橡胶片、夹件油道、拉板绝缘、木垫块及其他绝缘纸板和绝缘件全部更换	全部更换
		更换所有绝缘紧固件、橡胶板、屏蔽帽、钢紧固件	更换
7	调压引线	所有铁质支架返修清理，重新喷漆后使用	处理合格
		更换所有引线绝缘支架	更换
		更换所有调压引线用铜软绞线及接头端子	更换
		更换所有绝缘纸板及绝缘件	更换
		更换避雷器成套装置	更换
		更换所有屏蔽帽（包括分接开关出线侧屏蔽帽）	更换
		更换绝缘紧固件及钢紧固件	更换
8	网侧引线	所有铁质支架返修清理，重新喷漆后使用	处理合格
		更换所有绝缘支架，绝缘紧固件及钢紧固件	更换
		更换均压管、出线装置及引出线	更换
		更换所有屏蔽帽	更换
9	阀侧引线	所有铁质支架返修清理，重新喷漆后使用	处理合格
		更换所有绝缘支架，绝缘紧固件及钢紧固件	更换
		更换均压管及引出线	更换
		更换所有屏蔽帽	更换

续表

序号	部件名称	处理方案	处理结果
10	油箱	油箱返修，清理干净后重新喷砂、喷漆	返修合格
		屏蔽环剥去绝缘，重新包绝缘	处理后合格
		更换箱底、箱盖的器身定位浇注装置	更换
		更换所有绝缘纸板	更换
		更换箱底橡胶板	更换
		更换所有密封件及紧固件	更换
		更换油箱内取油样用小联管	更换
		更换接地线	更换
		油箱重新进行机械强度试验，合格后使用	试验合格
11	储油柜	清理所有联管，重新喷漆，无法清理时根据需要更换	返修合格
		更换所有密封件及紧固件	更换
		更换损坏的接地线	更换
12	冷却器	清理冷却器、潜油泵、油流继电器等组件，检查合格后使用	更换了全部风机，其余处理合格
		清理所有管路，合格后使用	处理后合格
		更换损坏的二次线、接地线	处理后合格
13	升高座	清理升高座外壳，重新喷砂和喷漆	处理后合格
		更换所有密封件、绝缘件及紧固件	更换
		更换所有套管电流互感器	更换
		更换损坏的接地线	更换
14	出线装置	更换网侧、阀侧出线装置	更换
15	控制回路	更换损坏的托线槽及线槽盖	更换
16	分接开关	更换	更换
17	套管	更换网侧、网侧中性点、阀侧套管	更换
18	开关附件	更换开关操作箱、传动轴及联轴器	更换

图 2-133　器身污染受损

图 2-134　器身端部及上夹件烟熏痕迹

第三章 换 流 阀

第一节 产品设计问题

1. 阀组装进口光缆接口与 TFM 板和 MSC 接口不匹配

问题描述：××工程晶闸管换流阀层组装，在进行光缆与 TFM 板和 MSC 插接作业时，发现光缆与 TFM 板和 MSC 无法插接。

原因分析：设计失误，光缆线接口与 TFM 板和 MSC 接口不匹配。

处理措施：厂家完善设计，对本批连接光缆进行了更换。

2. TFM 触发板回报信号发送异常

问题描述：××工程换流阀调试期间，一些 TFM 触发板回报信号发送不正常。

原因分析：供方在设计阶段 TFM 板上预留了一个可选光信号输入，该输入在没有被硬件使用的情况下，经过次序上电后，未定义的状况导致该光输入产生悬浮电位、回报信号异常。

处理措施：将本工程 TFM 板上该预留输入进行屏蔽，并且对其程序进行了升级改进，见图 3-1。

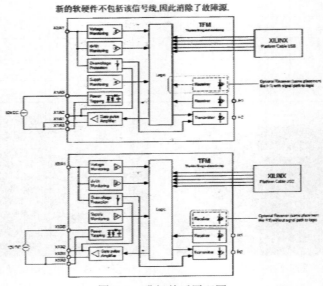

图 3-1 升级前后原理图

3. 电抗器周围局部场强过高

问题描述：××工程，晶闸管换流阀出厂例行试验，在进行局部放电试验时，局部放电量 70～140pC，与≤50pC 的要求不符，该试验未通过。

原因分析：测定分析阀模块电场分布，确定电抗器周围局部场强过高。

处理措施：在阀电抗器一侧增加均压帽，并改进了连接件结构；在电抗器另一侧与 TFM 板之间增加屏蔽环，见图 3-2～图 3-3。

图 3-2 在阀电抗器一侧增加均压帽，改进连接件结构

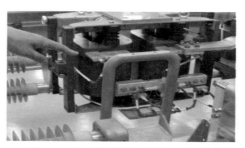
图 3-3 在电抗器另一侧与 TFM 板之间增加屏蔽环

4. 内冷主水管末端漏水

问题描述：××工程换流阀单阀直流耐压试验（正极性）过程中，突然发现换流阀塔底部漏水，立即暂停试验。上阀塔检查，发现漏水点在最底层的阀模块主水管末端紧固抱箍处。

原因分析：阀层内主水管紧固抱箍与水管盲端端部设计的距离过小，金属抱箍设计不当，紧固后造成主水管破裂。

处理措施：改进主水管端部结构设计，将主水管长度增加 20mm 金属抱箍增加塑料护套，见图 3-4。

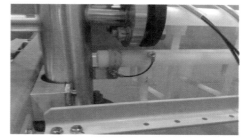
图 3-4 主水管端部改进情况

5. 主水管电位悬浮，局放超标

问题描述：××工程换流阀进行单阀交流耐压试验，在试验电压升压阶段出现了很大局放。对试验阀塔检查后，初步认定原因是触发板取能回路的导线被绑扎在主水管上，导致导线与冷却水之间放电。9 月 30 日，采用临时措施将导线拉离水管，重新进行了试验测试，发现局放有所改善，但局放仍不稳定且局放值大于 300pC。

原因分析：经过多次讨论、对比分析，认定换流阀模块的主水管等电位设计存在问题。设计单位的原设计方案出于防止主水管漏水的考虑，取消了所有的等电位针，主水管末端形成了悬浮电位，见图 3-5。

图 3-5 自主化换流阀水管处采取的临时措施

处理措施: 研发单位兼主水管的防漏性能和等电位设计,在主水管的两端各增加了1件等电位针。经单阀的交流局放测量验证,局放水平稳定在120pC左右。

6. 层间悬吊进口绝缘子局放超标

问题描述: ××工程换流阀进行单阀交流耐压试验,试验电压升高至局放电压(194.5kV)时,局部放电水平大于要求值(200pC)。经检查确认局放点位于阀层之间悬吊母排的绝缘子两端部;更换备品绝缘子重新进行试验,出现同样现象,见图3-6~图3-7。

原因分析: 发现厂家提供的绝缘子结构设计有改动,绝缘子的两端联接螺纹改为金属连接件,造成阀层间局部电场分布改变。

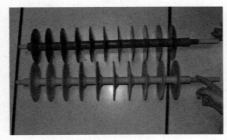 

图3-6 外方层间悬吊绝缘子(灰色)与 　　　图3-7 外方以往工程提供的老款绝缘子
　　　国产层间绝缘子(红棕色)

处理措施: 将此绝缘子更换为国产的同规格绝缘子,进行单阀绝缘型式试验。单阀交流耐压试验顺利通过,局放水平值小于100pC。

第二节 原材料、组部件问题

1. 晶闸管管壳两侧存在压痕

问题描述: ××工程换流阀某批100只晶闸管,进厂检查发现所有晶闸管管壳两侧均有两道压痕,见图3-8。

原因分析: 晶闸管是进口半成品组装生产的,组装过程中未采用专用工装,致使管壳局部受压力过大而产生变形。

处理措施: 经外方技术支持确认,压痕位于管壳边缘部位,且变形量不大,未影响到极接触面,晶闸管可以使用。

图3-8 晶闸管管壳两侧有压痕

2. 晶闸管局放超标

问题描述: ××工程换流阀例行试验局放试验时,发现一阀模块第4级、第7级晶闸管局部放电量超标(要求局放量≤50pC)。

原因分析: 对该晶闸管做了进一步分析验证,检测发现这2个晶闸管阻抗已发生变化,电气性能已劣化。

处理措施：更换晶闸管后，阀模块重新进行全部例行试验项目，试验通过。

3. 晶闸管局放超标

问题描述：××工程换流阀晶闸管进行出厂例行试验的局部放电试验时，发现第 4 级放电量大于 50pC（要求放电量小于 50pC）。

原因分析：经查，是晶闸管局部放电量超标。

处理措施：更换不合格的晶闸管；重新进行出厂例行试验；试验结果合格。

4. 晶闸管触发试验失败

问题描述：××工程换流阀例行试验中的触发试验时，发现 2 只晶闸管触发失败。

原因分析：对该阀模块的晶闸管进一步分析验证时，发现晶闸管电阻值与同一批次的不一致，进一步检查时，发现晶闸管门极线开路。

处理措施：更换晶闸管后，重新进行全部例行试验项目，试验通过。

5. 晶闸管触发试验失败

问题描述：××工程换流阀组件，在进行出厂例行试验的触发试验时，发现阀段 II 的第 25 级晶闸管触发失败。

原因分析：经查，原因是晶闸管元件的质量问题。

处理措施：更换不合格的晶闸管，重新进行出厂例行试验，试验结果合格。

6. 晶闸管触发试验失败

问题描述：××工程换流阀组件，在进行例行试验功能性试验触发试验时，发现 V6 级晶闸管触发失败，PF 无回报信号。

原因分析：经检查，属 TCU 质量问题。

处理措施：更换不合格 TCU，重新进行例行试验，试验通过。

7. 晶闸管击穿

问题描述：××工程换流阀例行试验中，操作冲击试验时发现 2 只晶闸管击穿。

原因分析：换流阀个别晶闸管在该项试验前进行的热运行试验过程中，已击穿或严重劣化，由于热运行试验只检测晶闸管及散热器的表面温度，未能及时发现；在操作冲击试验时发现晶闸管击穿形成了悬浮电位。

处理措施：更换晶闸管后，重新进行全部例行试验项目，试验通过。

8. 晶闸管电气接触面凹坑

问题描述：××工程换流阀 6 英寸晶闸管，其中 37 件晶闸管电气接触面发现有 1～3 处微小凹坑，组装过程中，经过打磨工序后，检查发现凹坑数量明显增多，凹坑面积也明显变大，见图 3-9。

原因分析：所使用的 6 英寸晶闸管是该规格晶闸管在直流输电工程的首次实际应用，组装工艺及检验标准直接套用 5 英寸晶闸管的组装工艺和检验标准。

图 3-9　已经打磨的晶闸管表面凹坑

处理措施：确定了 6 英寸晶闸管表面质量检验标准，改进了组装工艺。按新的检验标准报废了 9 件晶闸管。

9. TCU 屏蔽盒包装不当被腐蚀

问题描述：××工程换流阀生产过程中，对到货的 TCU 屏蔽盒进行入厂检验，发现有一箱屏蔽盒被腐蚀。

原因分析：零件包装不当，海运时海水进入零件包装箱内，导致零件被腐蚀。

处理措施：该箱屏蔽盒全部退货。

10. TCU 线路板导线脱落

问题描述：××工程换流阀到货 TCU 线路板入厂检验，发现 TCU 线路板上导线焊接处脱离。

原因分析：零件在生产时焊接作业不当。

处理措施：问题 TCU 线路板退货处理。

11. 散热器表面划伤凹坑

问题描述：××工程换流阀生产过程中，对到货的散热器进行入厂检验，发现散热器表面有划伤、凹坑。

原因分析：散热器在制作、运输过程中发生磕碰。

处理措施：划伤、凹坑位置在晶闸管接触面的退货处理。

12. 散热器漏水

问题描述：××工程换流阀模块进行例行试验的热运行试验时，发现换流阀模块有冷却水泄漏现象。

原因分析：经检查发现一个散热器冷却水入口处漏水，原因为接口螺母紧固力矩不足，造成泄漏。

处理措施：重新安装后，工作正常。

13. 晶闸管散热器镀层质量问题

问题描述：××工程换流阀晶闸管散热器进厂检验，发现散热器表面镀层普遍存在质量问题，表面粗糙，有瘢痕，色差较大，见图 3-10。

原因分析：经检查，散热器分供商为制造单位新开发的合作单位，该种类散热器属于该厂新开发产品，阀厂对散热器进行了延伸监造，确认问题的直接原因是其使用的电镀液杂质含量超标。

处理措施：更换电镀液后，镀层问题得到解决。

图 3-10 晶闸管散热器表面镀层缺陷

14. 阀避雷器屏蔽环外表面疤痕未打磨

问题描述：××工程换流阀在第三方试验大厅进行绝缘型式试验，阀塔搭建过程中，发现部分阀避雷器屏蔽环外表面有凸起的铸造疤痕未打磨,即使进行了打磨的屏蔽环也均未进行打磨后的喷砂处理工序,与相关铸件术要求不符。

原因分析:凸起的铸造疤痕未打磨,属于铸造打磨过程未控制到位。铸件缺陷打磨后,未进行喷砂处理,属于漏工序。

处理措施:在安装现场进行了表面打磨和喷砂处理。

15. 组部件氧化、镀层气泡、磕碰划伤

问题描述:××工程换流阀阀层零部件入厂验收,发现冲击电容屏蔽、层屏蔽、散热器、角板、电抗器连接板等零部件表面氧化、镀层气泡、磕碰划伤等问题,零部件表面质量与图纸要求不符,见图3-12。

原因分析:元器件加工工艺存在缺陷;零部件包装运输防护未做好。

图3-11　未打磨的铸件　　　　　图3-12　零部件在运输中磕、碰、划伤严重

处理措施:部分零部件重新进行了表面处理;部分零部件报废。

16. 自主化换流阀O型圈变形

问题描述:××工程阀组件在例行试验前的调整试验中,发现组件进水口水压达到4.9Bar,远高于试验要求的水压3.7Bar。

原因分析:经查找确认,晶闸管散热器进水口处的O型密封圈受热变形,造成进水口通道窄小,流量减小,水压增高。

处理措施:O型密封圈全部替换。

处理结果:经试验验证,阀组件进水口压力符合试验要求。

17. 阻尼电容值超差

问题描述:××工程换流阀例行试验时发现换流阀组件V13、V15二级的3柱电容在阻尼回路测试时检测出电容值超标。

原因分析:经测量确定为电容元器件质量问题。

处理措施:更换2只问题电容,重新测量阻尼回路,电容值符合技术要求。

18. 晶闸管阀段右端板内孔光洁度不够

问题描述:××工程晶闸管阀段的右端板在施加预装压力后无法正常紧固。经检查,确认阀组件右端板内孔光洁度超差,导致右端板未能准确安装就位,无法正常紧固,见图3-13。

图 3-13　阀端右端板内孔加工光洁度超差

原因分析：分析认为可能是加工厂误将该件不合格品混入合格品中。

处理措施：更换该问题端头，晶闸管组件顺利组装完成。

19. TTM 板丢失脉冲

问题描述：××工程换流阀晶闸管 TTM 板进厂检验，连续发现 10 多件 TTM 板在触发试验丢失脉冲。同一块 TTM 板重复进行触发试验，所丢失的脉冲数也不一致。

原因分析：经过分析验证，确定丢失脉冲的原因是国产三极管质量性能不稳定。

处理措施：采用进口三极管元件替换国产三极管；TTM 进行强化老化试验（延长高温时段），试验后进行 TTM 触发性能二次检测，对比试验结果，从而判定板卡质量。

20. TFM 板局放超标

问题描述：××工程换流阀 TFM 板在出厂例行试验中的局部放电试验，检测到局放量超标（要求局放量≤50pC）。

原因分析：经检查，TFM 板局放量超标可能是元器件质量问题或连接点有虚焊。

处理措施：重新提供 TFM 板。

21. TFM 板局放超标

问题描述：××工程换流阀进行出厂例行试验的局放耐压试验时，发现阀段 Ⅱ 第 25 级局部放电量大于 50pC（要求小于 50pC），经查，局放大的原因是 TFM 板局放量超标。

原因分析：TFM 板质量问题。

处理措施：更换不合格的 TFM 板；重新进行出厂例行试验；试验结果合格。

22. TCU 故障，触发失败

问题描述：××工程换流阀多个阀组件进行例行试验功能试验项目时，触发试验不能通过，PF 无回报信号。

原因分析：经检查均属 TCU 故障问题。

处理措施：上述问题发生后，更换 TCU，所换下故障 TCU 全部已作报废处理。

处理结果：重新试验，试验通过，全部合格。

23. TCU 部件质量问题

问题描述：××工程换流阀组件，在进行例行试验的综合功能试验过程中，发现 4 台阀组件各有 1 级触发失败。

原因分析：经查，触发失败的原因是 TCU 板所致，TCU 板质量不良。

处理措施：更换 TCU。

处理结果：重新进行例行试验，试验结果合格。

24. 流量与压力试验不合格

问题描述：××工程多台国产阀组件出厂例行试验的流量与压力试验时，流量与压力试验结果不满足要求（在规定流量下，压差小于规定值）。

原因分析：阀组件水冷系统国产水电阻的水工特性与进口水电阻不同，因此造成流量与压力超差。

处理措施：将水电阻更换为进口水电阻；阀模块重新进行出厂例行试验，试验合格。

25. 母线软连接质量不合格

问题描述：××工程换流阀零部件在入厂检查时，发现有 4 种母线的软连接夹层中有颗粒状残留物，且个别零件表面有磕碰划伤问题。

原因分析：经查，软连接夹层中的颗粒状物是零部件清理表面时，清洁工具上掉落的残渣；零部件表面的磕碰划伤是零部件在转运过程中，防护不当所致。

处理措施：软连接夹层中的颗粒状物，零部件退回分供方，退回分进行了逐件清理；零部件表面的磕碰划伤，分供方在零部件转运前，对每个零部件的易碰损部位增加了（白布带绑扎）防护措施。

26. 晶闸管击穿

问题描述：××工程换流阀晶闸管组件例行试验，在温度循环试验后的晶闸管组件检查时，发现各有 1 级晶闸管阻抗为零。

原因分析：对阻抗为零的晶闸管级上的阻尼电阻值、阻尼电容值以及晶闸管两端散热器的水系统进行复检，确认其均符合要求，因此认为是晶闸管质量问题。

处理措施：更换晶闸管。

处理结果：重新进行例行试验，试验结果合格。

27. 电容器电容值超差

问题描述：××工程换流阀，在进行例行试验的均压电路检查时，发现在 3 台组件各有 1 只三柱电容器电容值超差，要求值：$0.608 \sim 0.672\mu F$，实际测量值（3 只）分别为：$0.657\mu F$；$0.681\mu F$；$0.684\mu F$。

原因分析：经排查，是电容器电容值超差。

处理措施：更换不合格的电容器。

处理结果：重新进行例行试验，试验结果合格。

28. 运行型式试验中晶闸管损坏

问题描述：××工程换流阀全套运行型式试验中，在进行最后一项试验"最大暂态运行负载试验"时，由于试验方法问题导致一个阀段 8 个晶闸管一次性损坏（HM-AR-002 第 8 级至第 15 级）。

原因分析：试验组件的 8 个晶闸管级，要求的触发电压应不低于 $8 \times 5.37kV = 43$（kV），触发后通流不小于 5602A，每个周波通流时间不小于 1/3 周波，持续 2s。由于试验回路容量的限制，无法同时满足 8 个晶闸管级"最大暂态运行负载试验"中高触发电压和大电流的要求，在保证触发电压大于 43kV 的前提下，晶闸管的导通时间和通过的电流幅值将大幅降低，（导通时间 440us，电流幅值 1380A）。考虑该项试验时间只有 2s，在如此短的时间内晶闸管结温降低最大只有几度，为保证试验的等效性，保证晶闸管、阻尼回路承受的发热、结温至少不低于标准要求，进行该项实验时，将阀段预热进水温度提高了 10 度，预热阶段的电流也从 5600A 提到了 6000A，同时试验采用了双触发的方式（每个周波两次开通和关断），所以试验测试条件远比技术条件苛刻。由于导通时间只有 440us，加上双触发，导致晶闸管门极区电流无法及时扩散和发热累积而损坏。

处理措施：为了完成"最大暂态运行负载试验"，对试验方法进行了调整：对合成回路进行扩容，可满足每周波 8.8ms 导通时间的额定电流波形，但是由于其他回路的限制，触发电压仅能满足 7 个晶闸管级的要求（满足 IEC 标准 5 个晶闸管级以上的要求）。考虑试验等效性，提高了冷却水进水温度（10 度），提高了试验电流。更换失效的 8 个晶闸管，由 8 个同样型号的晶闸管替换。

图 3-14 开裂的电抗器

处理结果：阀组件更换晶闸管后，重新进行试验，试验合格。

29. 电抗器绝缘子开裂

问题描述：××工程换流阀电抗器在型式试验中的运行试验中，铁心温度过高（达到 127°，正常应在 100° 以下），故障电流试验后，绝缘子出现开裂现象，见图 3-14。

原因分析：设计不成熟，需持续改进。

处理措施：对电抗器进行设计改进，对铁芯材料和硅钢片厚度进行控制，加强电抗器绝缘子的连接结构。

30. 换流阀 TCU 恢复期保护下限值不符要求

问题描述：××工程换流阀阀组件，在例行试验的功能试验中，发现 4 块 TCU 恢复期保护下限值不符合要求，要求电压：1250～1550V，实测 1560V。

原因分析：TCU 质量不合格。

处理措施：更换不合格的 TCU。

处理结果：重新进行例行试验中的电气性能试验，符合要求。

第三节 试验及运输问题

1. 试验时间过长致主水管变形弯曲

问题描述：××工程换流阀出厂试验，在进行低压阀单阀陡波电位分布测量、陡波冲击耐压试验时，出现了 LV1 的第 6 级散热器水管漏水现象，该试验未通过，见图 3-15。

原因分析：经检查发现出现 LV1 的第 6 级散热器水管出现滑脱，且主水管严重变形弯曲。试品在 94.6℃水温下，调试时间过长，造成主水管变形弯曲，第 6 级散热器水管滑脱。

处理措施：变形主水管报废。

2. 交流耐压试验局放波动

问题描述：××工程换流阀进行单阀交流耐压试验时，试验升压至 40kV 时，出现了不稳定的局部放电现象，局放水平值在 300pC 间上下波动，试验暂停，见图 3-16。

原因分析：经过反复检查，最终确认是由于试验过程中 VBE 持续对阀组件发送脉冲导致局放出现。

图 3-15 LV1 第 6 级散热器水管滑脱漏水
（主水管严重变形）

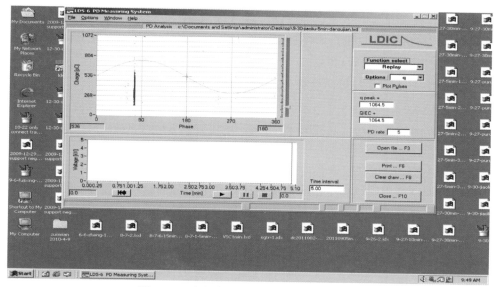

图 3-16 自主化换流阀单阀交流局放截图

处理措施：重新进行交流耐压试验时，将 VBE 关闭。试验顺利通过，局放水平符合规范要求。

3. 反向恢复期触发试验保护误动

问题描述：××工程换流阀运行试验反向恢复期保护触发试验中，恢复期外耐受电压在 51.5kV 冲击电压时电压跌落，试验无法进行。

原因分析：换流阀研发单位和试验单位经过分析，排除了晶闸管组件 BOD 动作电压低、试验回路分压器测量不准、阻尼回路参数变化等原因，最终确定原因在于试验过程中合成试验回路辅助控制阀 BOD 保护误动作。合成试验回路 V2 阀共计由 48 只晶闸管反并联之后串联构成，单级晶闸管 BOD 动作电压设定 6500V，此次试验进行反向恢复期试验时短接 34 只晶闸管；将 V2 阀短接数量改为 32 级进行验证试验，试验电压施加到 55.6kV，阀电压正常，见图 3-17。

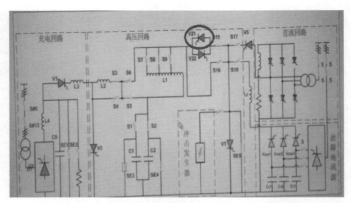

图 3-17　型式试验合成实验装置主电路接线图

处理措施：试验单位对型式试验回路合成进行调整，进行反向恢复期触发保护试验，区外 1500μs、1600μs、1700μs 不动作，区内 300μs、450μs、600μs、750μs、900μs 五次动作试验，保护触发保护试验通过。

4. 试验设备用油劣化导致局放背景偏大

问题描述：××工程 2013 年 2 月 25 日，换流阀进行 MVU 多重阀直流电压耐受试验，在测试试验回路时（未连接试品阀），发现直流电压升到 880kV 时，测量到的局放数值保持在 2000pC 以上。

原因分析：直流耐压试验设备内部绝缘油由于长时间使用导致油质劣化，绝缘水平下降，最终使得调试中出现试验电压峰值及局放背景不正常现象，需要进行绝缘油的更换。

处理措施：试验设备厂家人员更换绝缘油后，试验设备调试正常。

5. 单阀非周期触发试验时，晶闸管击穿

问题描述：××工程换流阀在第三方试验室进行单阀非周期触发试验，试验要求为：电压峰值是 409±3%kV、电流峰值是 6.0kA，冲击次数为 5 次。当进行第三次冲击时，试验电压峰值 415kV，电流值为 5910A，试品阀提前触发，试验室暂停试验，见图 3-18。

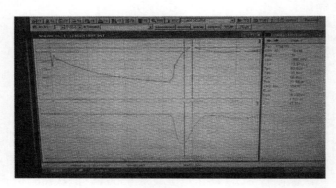

图 3-18　晶闸管击穿时试验波

原因分析：试验人员对试品阀进行检查，检查发现第 1 级晶闸管被击穿。更换晶闸管重新进行试验，当试验电压峰值调至 415kV 时，试品阀再次提前触发，试验室停止试验，检查试验回路。经过检查，一致认为提前触发的原因是由于试验过程中，阀触发信号是由试验大厅内的冲击发生器产生，因此会在冲击发生器放电瞬间产生干扰信号，干扰信号可能达到正常触发信号水平，导致阀提前触发。同时检查试验波形，换流阀触发后，有明显的电压振荡过程，晶闸管反向恢复期间承受正向电压。

处理措施： 为防止电磁干扰，将冲击发生器至 VCE 触发信号改至在冲击发生器控制箱内进行光电转换，经光纤传输至 VCE，减少触发信号对 VCE 的干扰。重新调整非周期触发试验电路，调试试验波形。重新进行非周期触发试验，试验结果符合规范要求。

6. 通信模块线路板故障

问题描述： ××工程换流阀进行单阀陡波电压冲击试验，试验要求电压峰值为 475±3%，陡度为 1200kV/μs。在进行第 4 次负极性电压冲击（相对于阀为正极性），电压峰值为 −493.9kV，陡度为 −1277kV/μs，换流阀保护触发。调整冲击电压后继续进行第 5 次冲击试验，电压峰值为 −487.1kV，陡度为 −1247kV/μs，换流阀再次保护触发。

原因分析： 检查 VCE 控制系统，发现 VCE 的通讯模块中一块线路板出现故障。

处理措施： 重新更换上一块新的通讯模块线路板进行试验，故障线路板返厂进行检查、分析。该通讯模块是型式试验用的 VCE，并非工程用 VCE，出现故障的这种线路板不会在工程中使用。

7. TFM 板上紧固螺丝、螺母滑扣

问题描述： ××工程换流阀在组装过程检查中，发现 M6 尼龙螺钉和尼龙螺母用手动力矩扳手紧固到（1.5Nm）力矩值时，出现多处螺纹有滑丝现象。

原因分析： 对该尼龙螺钉、螺母进行了材质、紧固方法、检查方式等进行了检测、分析和相关的对比试验后，认为用手动力矩扳手检查 M6 尼龙紧固的方法不妥，见图 3-19。

处理措施： 规定检查人员的检测方法，并要求按工作联系单的规定执行。

8. 阻尼电容接线柱运输不当，造成断裂

问题描述： ××工程对在国外完成运行型式试验返厂的阀组件进行开箱检查时，发现第 16 级阻尼电容接线柱断裂，见图 3-20。

原因分析： 阻尼电容接线柱断裂原因可能是运输过程造成，因为在开箱检查时，发现包装（木质）多处损坏，箱内多根支撑件发生位移。

图 3-19 滑扣的尼龙螺栓

图 3-20 阻尼电容接线柱断裂处

处理措施：阀组件更换接线柱断裂的阻尼电容后，进行出厂例行试验，试验结果：合格。

9. 换流阀阀组件搬运过程中碰撞问题

问题描述：××工程换流阀 3 件阀组件的晶闸管组件在返工重新组装。

处理措施：查问安装负责人，在搬运过程中有碰撞，有 4 支晶闸管碰触到工作台面，为杜绝隐患，更换了这 4 支晶闸管。

处理结果：重新进行了模块例行试验。

第四节 运行阶段问题

1. 电阻器低流量失效

问题描述：××工程受端交流系统故障引起双极四阀组换相失败，进而引起站用电异常，水冷水泵变频器检测到过电压故障退出，低端阀冷主水量低保护（快速段）动作跳闸，最终引起双极低端直流闭锁，见图 3-21。

原因分析：站用电波动致主泵保护动作，换流阀水冷电阻温度耐受能力要求苛刻，保护定值低于其他厂家。需研究其流量、温度耐受能力。

处理措施：模拟换流阀触发角 17°、40°、90°时，晶闸管的低流量耐受能力。

2. 控制板发热、起火

问题描述：××工程运行中，送端站 OWS 报极 I 高端阀组 Y6 单阀第 45 号晶闸管 BOD 报警；先后出现 Y6 单阀第 44、43、42 等多个晶闸管 BOD 报警和第 45、44、43、42 等多个晶闸管无回报信号报警。运行人员开展现场检查，在阀厅巡视走道检查发现极 I 高端阀组 Y/Y B 相阀塔 Y6 单阀晶闸管组件有火光；随后现场操作将极 I 高端换流器紧急停运，见图 3-22。

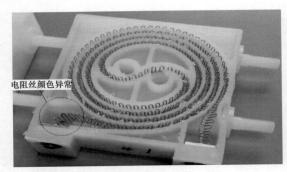
图 3-21 水冷电阻

图 3-22 烧损的阀组部分

对整个事故过程中换流站 OWS 中的报文记录进行分析整理，可以看出事故的发展主要分为三个阶段：

第一阶段：极 I 高端换流器 Y6 单阀 45 号晶闸管 BOD 告警。

第二阶段：极 I 高端换流器 Y6 单阀 45 号晶闸管相邻 44、43、42、41、40、39 号晶闸管及下部 Y3 单阀 12、13、14、15 号晶闸管发 BOD 告警和无回报信号告警，阀厅紫外火焰探测器告警,阀厅空气采样告警。

第三阶段:运行人员手动紧急停运极 I 高端换流器。

原因分析:见表 3-1。

表 3-1   原 因 分 析

序号	可能原因	详 细 分 析	可能性
1	晶闸管门级触发接线端子接触不良	因门级触发接线端子接触不良,导致 BOD 电路过载,进而引发过热烧毁	较小
2	取能电路接线端子接触不良	因接触不良,端子逐渐发热、放电闪络,进而破坏接触点;之后取能电路被迫变换电流通路,陆续引起多点过载,烧毁整个 TFM 电路。可与之前 TFM 故障现象对比分析	较大
3	BOD 电路中高压二极管失效	因高压二极管失效后,反向电压损坏 BOD 电路元件,引起电路故障	小
4	BOD 设计问题	由于 BOD 回路设计问题导致当长时间 BOD 动作的情况下,板卡器件会出现因过流而发热或放电	很小
5	TFM 取能电路元件失效和电路焊接热疲劳	因元件失效或电路焊接热疲劳,造成器件发热或放电引发着火	小

处理措施:排查以往工程换流阀的 TFM 板、VBE 跳闸回路,以及相关保护的回路接线情况,确保回路接线完整可靠、接插件锁紧、接触良好,同时仔细排查 TFM 板卡及接插件是否有松动、闪络、痕迹。研究触发板增加防火阻隔板等设计改进措施。

处理结果:厂家设计方案通过试验验证,加装卡槽及板卡。

3. 晶闸管高温阻断

问题描述:××工程 6 个月内晶闸管失效 34 只,见图 3-23。

原因分析:晶闸管筛选力度不够,使性能相对较差的晶闸管首先被击穿;不同厂家的晶闸管混装,参数差别较大,使其应力承受能力不一致。

处理措施:对换流阀的各个配件进行全面排查和试验。

4. 电容器爆裂燃烧

问题描述:××工程受端站极 II 低端阀组 Y/D A 相阀塔 A4 模块 4 号晶闸管 BOD 动作,出现起火。经检查为阻尼电容器故障开裂,相邻 3 个电容器外壳均有灼伤,回报光纤 30 根烧损,见图 3-24。

原因分析:确定 Y/D-A 阀塔火苗为电容器爆裂燃烧所致。

图 3-23 击穿失效的晶闸管

图 3-24 烧裂的电容器

处理措施:全部更换为进口阻尼电容器。

第四章 平波电抗器

第一节 原材料、组部件问题

1. 汇流排加工孔内表面质量缺陷

问题描述：××工程干式平波电抗器吊架焊接过程中发现部分吊臂孔内侧有疑似夹渣状坑点（经清点有 4 根汇流排存在此类现象），见图 4-1。

原因分析：经厂家对汇流排做探伤试验后发现细小裂缝为补焊造成，会影响到吊臂的机械强度和载流能力。

处理措施：对所有用作吊臂的汇流排予以报废处理。

2. 换位导线单丝短路

问题描述：××工程干式平波电抗器第 10 包封绕制完成后，在进行工序间试验时发现第 10 包封换位导线单丝之间出现短路（一组换位线为 16 根单丝铝线绞合而成，16 根单丝铝线间均有聚酰亚胺绝缘）。另一台第 20 包封线圈绕制完成后，进行导线单丝间绝缘电阻测试时发现，绝缘电阻低，不能满足相关工艺文件要求的电子兆欧表 250V 档＞50MΩ 的标准，见图 4-2。

图 4-1　疑似夹渣部位

图 4-2　导线单丝间绝缘电阻测试

原因分析：经查看线圈绕制前导线绝缘良好，初步分析是导线局部存在缺陷，线圈绕制过程中致使绝缘缺陷暴露。

处理措施：厂家把绕制完成的包封予以回退拆解（报废），更换新导线后重新绕制第

10 包。

3. 汇流排出现明显弯曲

问题描述：××工程干式平波电抗器吊架焊接时发现，部分汇流排在靠近星形龙骨侧出现明显弯曲现象（目测约 5mm 左右），导致吊架焊接无法进行，见图 4-3。

原因分析：主要原材料质量存在缺陷。

处理措施：汇流排加工车间重新整压、调直，经过两次整压后由于汇流排截面较大（规格为：204mm×25mm）且具有弹性变形，不能达到厂家质量控制范围要求之内，后经技术部门确认对此块汇流排做报废处理。针对此种情况厂家对采购汇流排原材料的技术标准作了修订：把平面间隙要求由原来的 1.0 提高到 0.8 以下（符合 GB6892《一般工业用铝及铝合金挤压型材的超高精度级》）；把弯曲度要求由原来的 1.5mm/m 提高到 1.2mm/m（符合 GB6892 由介于普通级～高等级之间提高到接近高等级水平）。

图 4-3 问题汇流排在第三排（从上向下）

4. 绝缘撑条有开裂、油污

问题描述：××工程干式平波电抗器检查绝缘撑条时，发现个别撑条有开裂痕迹，部分撑条表面存有油污污物，见图 4-4。

原因分析：原材料存在缺陷。

处理措施：报废不合格品。

5. 换位导线绝缘电阻不合格

问题描述：××工程干式平波电抗器在绕制完第 21 层导线断线后，发现该处换位导线外包绝缘少包一层。经测试，换位导线绝缘电阻不合格，见图 4-5。

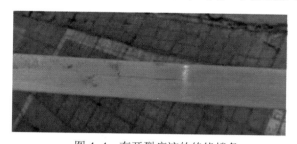

图 4-4 有开裂痕迹的绝缘撑条

图 4-5 认定导线少包一层

原因分析：在退线解剖时，发现有约 80m 长度的导线绝缘少包一层。经导线生产厂家认定，该起质量事故是因包绕机设备故障所致。

处理措施：对该层线圈导线进行退线报废处理；监造工程师针对此问题给平波电抗器制造厂发出联系单；导线生产厂家停产整改。

图4-6　击穿点有炭黑迹像

6. 导线股间短路

问题描述： ××工程干式平波电抗器在绕制完第12层导线后，检测换位导线绝缘电阻时，1～11股绝缘为零值，不合格，见图4-6。

原因分析： 用短路点测试仪检测出该层导线绝缘短路点，短路点已被击穿，有炭黑迹像。

处理措施： 经三方见证，解剖短路点后绝缘膜未有松动，扒开绝缘膜未见到铝导线变形。导线生产厂家和北京电力设备总厂已按照01联系单的要求给予回复并其整改。

7. 导线单根直阻超差

问题描述： ××工程干式平波电抗器第9层的（A、B）换位导线入厂检验计算结果单根 20℃平均直阻对设计值的偏差超差−3.19%等，不合格，见图4-7。

原因分析： 导线生产厂家执行的是老标准，偏差范围是 −4%～+2.5%。而平波电抗器生产厂家现已执行新标准，偏差范围是−3%～+2%。

处理措施： 平波电抗器生产厂家认为不影响产品性能，让步接收，可以使用。

图4-7　见证了不合格导线标志

8. 尺寸不均匀、回弹大

问题描述： ××工程干式平波电抗器绕制完21层导线经测试线圈高度超偏差20mm。

原因分析： 线圈在绕制完25匝、50匝、75匝时，每次测量高度都不符工艺要求。经检测发现导线厚度尺寸不均匀，并且还有超偏差现象（附件2），从而导致线圈高度超差。

处理措施： 该层线圈作退线报废处理。重新更换导线绕制。导线生产厂家昊天电力检修技术开发公司（保定生产基地）进行整改、严格控制。

9. 单丝导线绝缘问题

问题描述： ××工程干式平波电抗器绕制完第20层10线后测试绝缘时有根2导线绝缘不合格（记录）。

原因分析： ① 因导线结构尺寸大，应力大，绝缘破损；② 根据检测记录来查找故障点时始终不确定。绝缘时好时坏，无法解剖见证。

处理措施： 为保证平波电抗器质量，排除质量隐患，退线处理，重新采购。

10. 线圈单丝绝缘不合格问题

问题的描述： ××工程平波电抗器线圈绕制完第13层换位导线后，经检测发现绝缘有问题，静放一定时间后检测依然不合要求，作退线报废处理。

原因分析：两根单丝绝缘不合格。

处理措施：已绕的导线退掉做报废处理，厂家重新购置导线绕制。

11. 中部降噪装置 RTV 涂覆层破损

问题描述：××工程干式平波电抗器抽检外委加工送来的中部降噪装置插板时发现，

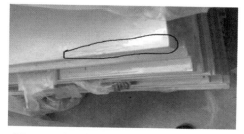

图 4-8 浅绿色为底漆，灰色为 RTV 涂层

有 2～3 块插板端部有磕碰痕迹，磕碰处 RTV 涂覆层最大破损约 10mm×200mm，见图 4-8。

原因分析：由于底漆干燥时间短，喷涂 RTV 后也未待完全干透便出厂。虽然在码装时采取了加垫纸板、塑料等物保护，但在搬运、装车、运输、卸货，过程中还是存在端部磕碰、摩擦，导致未完全干透的 RTV 涂层局部脱落。

处理措施：对出现脱落涂层处进行清理，重新喷涂 RTV。

第二节 制造工艺问题

1. 线圈出头焊接粗糙

问题描述：××工程干式平波电抗器监造过程中发现线圈出头焊接处不光滑。

原因分析：焊接位置操作不方便。

处理措施：现场要求进一步打磨，达到光滑、无尖角毛刺。

处理结果：满足要求。

2. 引线焊接存在改进空间

问题描述：××工程干式平波电抗器引线焊接后联检合格，但存在下述问题应在后续产品上改进完善：① 最外层引线焊点不一致，有的在外侧，有的移到内侧；引线弧度不一致；② 第 12 当的 11 层引线太短，弧度较小；③ 最外侧引线有的太长，弧度小于 90 度（裸线）；焊点高度不一致。

处理措施、结果：针对存在的上述问题。厂家补充工艺文件，明确有关引线焊接位置、引线长度、引线弧度等外观要求。

3. 吊起导致最外层损伤问题

问题描述：××工程干式平波电抗器正在拆胎。平波电抗器线圈在被吊车吊起后，多数胎管坠落到拆胎坑里，其中一根胎管穿出围屏、胎管头。并将固化后放置在拆胎围栏西侧工作架上的另一台平波电抗器线圈下吊架第 7 汇流排右侧上450mm 处戳出长约 40mm、宽约 10mm、深约 5mm 的三角形小坑（见图 4-9）。

图 4-9 损毁部位

处理措施： 最外层包封进行整体试验，包括直流电阻、股间绝缘电阻、股间耐压试验。如果数据不满足要求，解剖最外层并重新绕制；如果试验数据满足要求，则对损伤处使用专用工具逐层剥离玻纤纱，检查导线绝缘是否有破损，最后检查导线是否变形。如果导线没有变形、绝缘无损伤，将剥离部分充满环氧胶，对该层进行试验，包括直流电阻、股间绝缘电阻、股间耐压试验，对线圈整体进行外包；如果导线已变形或绝缘破损，解剖最外层并重新绕制，并进行全套出厂试验复测。对被撞线圈进行检测（第 25 层的单丝直阻、绝缘、股间工频耐压），检测结果无变化；解剖被撞击处，解剖发现：紧靠导线的玻璃网格布断裂，撞击的胎管头被斜拉带挡住，导线绝缘未见损坏，见图 4–10～图 4–11。

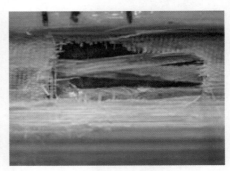

图 4–10　解剖层见网格布断裂网格布撕开

图 4–11　修复过程及修复结果

处理结果： 线圈修补过程符合修复方案；最外层线圈导线未见损伤；修复前后检测数据未有变化。

4. 线圈绕制乱圈

问题描述： ××工程干式平波电抗器线圈绕制第 25 层 1/4 处，发现线盘上的导线乱圈，操作者及时停车。另一个线盘也出现类似情况。在检查导线绝缘未有损坏的情况下，将导线捋顺后恢复绕制。

处理措施及结果： 针对线盘上导线乱圈问题，驻厂监造组、设备厂家赴导线生产车间进行延伸监造工作。经现场见证，发现：① 主轴电机过热导致与牵引电机速度不匹配；② 因 25 层换位导线单丝直径大、往线盘上绕制时太硬，用正常张力控制较难。

处理结果： 导线厂开展整改，乱圈现象。

5. 绝缘层有缝隙

问题描述：××工程干式平波电抗器线圈 5 包封底第一个半叠，在距离下端 100mm 左右处，绝缘层有缝隙，未能达到工艺要求。

原因分析：五股浸胶玻璃丝过夹头时，没有调节好，出纱口未分开造成的。

处理措施：对该产品 5 包封底包第一个半叠绝缘层进行返工。

处理结果：达到工艺要求，进行后续绕制。

6. 玻璃丝覆盖导线不均匀有漏导线现象

问题描述：××工程干式平波电抗器 21 层外包时，第一层玻璃丝覆盖导线不均匀有漏导线现象，而后发现纵绕已完成。

原因分析：夜班的操作人员没有按照工艺要求（工艺要求：半叠绕制玻璃丝）进行绕制，工序检验人员未及时发现，导致进行纵绕后才发现问题。

处理措施：操作人员执行工艺制定的返修方案，进行了补加玻璃丝的绕制，导线层完全遮盖。

处理结果：绕制结果符合要求。

7. 吸声罩带入导电异物，放电击穿

问题描述：××工程干式平波电抗器中部吸声罩在做雷电冲击试验时放电击穿，见图 4-12。

原因分析：经解剖见证，生产中部吸声罩的厂家在组装部件时带入导电异物。

处理措施：将被击穿的中部吸声罩组件换掉。按技术要求对新换上的组件，连续做 9 次雷电冲击试验，试验通过。

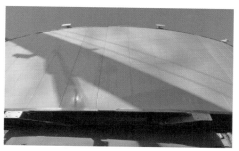

图 4-12　吸声罩中带入异物

8. 内部吸声筒与底座连接出现偏差

问题描述：××工程干式平波电抗器安装内部吸声筒时，相互连接的 4 个 ϕ10 孔出现偏差，见图 4-13～图 4-14。

图 4-13　未安装的内部吸声筒

图 4-14　吸声筒与底座连接后

原因分析：内部吸声筒为分瓣加工（上下各 12 瓣组合），外委厂家在做好各分瓣后按

照图纸尺寸单独加工ϕ10孔，由于各分瓣组合后累积误差致使吸声筒连接螺栓部位不能对齐。

处理措施：先组合各分瓣吸声筒以保证组合后的圆周度和分瓣缝隙紧凑，待吸声筒在线圈内部组好后，以一端ϕ10孔为基准扩孔找齐。

此为轴向高度

图4-15　平波电抗器第8包封超高

改进建议：改进包膜的测量、检验和控制工艺。购置恒压测试仪，避免手工千分尺测量的不确定性。

9. 轴向高度超差

问题描述：××工程干式平波电抗器第8包封进行到2/3高度时，工序间测量发现轴向高度超过图纸标示约50mm（工艺文件要求偏差±50mm），继续绕制将超差，见图4-15。

原因分析：换位导线包膜较松散，绕制过程中导致偏差累积超标。

处理措施：制造厂对超高的第8包封做报废处理，重新购置导线绕制。

10. 包封绕制时端环胶纱溢出通风条外

问题描述：××工程干式平波电抗器绕制第19层包封时，上端环处胶纱溢出通风条外。

原因分析：操作者在绕制上端环时用绕的胶纱过多。

处理措施：监造工程师现场见证厂家操作者用剪刀将溢出的胶纱分段剪断，将多余胶纱逐段拆掉。

11. 绕制时敲打导线绝缘受损

问题描述：××工程干式平波电抗器绕制完第3包封层后，复试2层导线绝缘击穿。退线后查找验证，在收头部位处有弧光，见图4-16。

原因分析：操作者在整理出头时用胶锤敲打导线所致。

处理措施：退掉2、3层导线报废处理。重新购置2、3层导线。对绝缘击穿点进行解剖见证，退线报废处理。

图4-16　有问题导线

第三节　其他问题

1. 运输途中发生磕碰

问题描述：××工程干式平波电抗器，在运往换流站途中，在某港口由汽运改为水运时，因上船起吊过程中操作不当不慎将吊具撞在电抗器的外表面，造成两个不同程度的坑洞，见图4-17。

原因分析：吊运过程中磕碰，解剖见到换位导线被挤压深坑致使导线变形绝缘受损。

处理措施：返厂维修并重新做出厂试验，试验通过。

图4-17 受损的电抗器表面

第五章 控制保护

第一节 调试试验问题

1. 单极单阀组运行时投入换流器，系统跳闸

问题描述： 单极一组 12 脉动换流器运行，定功率控制，功率定值为最小功率，此时如果投入一组换流器，系统跳闸。

原因分析： 投入一组换流器后要求定功率控制的指令值至少为 2 换流器运行的最小功率值 320MW，而程序中的功率指令值仍为一组换流器的最小功率值 80MW，导致跳闸。

处理措施： 修改控制程序，如果在最小功率下投入新的换流器，更新功率定值为 320MW。换流器投退是特高压直流工程中特有的问题，应在工程中针对其特殊运行方式进行特殊考虑，并进行充分的测试。

2. 分接开关的额定档位设计与程序设置不一致

问题描述： 主回路报告设计中，分接开关额定档位为整流站 24 档，逆变站 23 档，但程序中整流站为 23，逆变站为 22。

原因分析： 控制程序设置错误。

处理措施： 根据主回路报告修改设置。应在后续工程中加强程序中常量参数与成套设计一致性的检查。在实验室联调时进行检查。

3. 单极运行时，关断角自动增大

问题描述： 极 1 正常运行时，逆变站关断角不明缘由自动增大。

原因分析： 控制总线开始采用 Control Lan，因稳定性等问题替换为 eTDM。eTDM 采用分时复用原理，程序中的分时复用处理不当，导致信号的通道传输错误。

处理措施： 修改程序解决 eTDM 的分时复用冲突问题，没有再发现逆变站熄弧角增大的问题。应加强新技术应用的质量管控，确保工程中使用先进、成熟的技术。

4. RFO 条件不满足，极无法解锁

问题描述： 每极各为一个换流器的主接线方式下，一极设为双极功率控制，RFO（准备运行）的条件不满足，导致该极无法解锁。

原因分析： 极闭锁后，有时会出现该极的电流指令值保持在 4000A，而不降为 0 的情况。导致在下一次该极解锁前，由于电流指令值大于 400A，RFO（准备运行）的条件不满足。

处理措施：修改程序，闭锁后电流指令值降为 0，使不影响下一次解锁的条件。

5. 变压器分接开关频繁调节导致无法解锁

问题描述：极启动前，经常由于变压器分接开关频繁上下调节导致解锁条件不能满足。

原因分析：程序中分接开关调节死区设置不当导致分接头频繁调节。

处理措施：修改变压器分接头调节死区，使分接头不再频繁上下调节，满足解锁条件。

改进建议：充分考虑不同运行条件下的程序适应性。

6. 极功率指令有变化后程序适应性不足

问题描述：400kV 金属回线的运行主接线方式下，极 2 功率为 320MW，以 0 功率指令闭锁极 2 时，指令发出后功率减小到 160MW 后会保持不变。

原因分析：程序中不同运行主接线方式、不同控制方式下的极功率指令有变化后程序适应性不足。

处理措施：修改程序，当功率指令小于最小功率时，直接闭锁。应在程序设计时充分考虑特高压直流运行主接线方式多的特点。

7. 无功控制在自动模式下可手动控制开关

问题描述：进行两站无功控制联锁试验。当无功控制为自动模式时，可以手动断开交流场开关。

原因分析：当无功控制为自动模式时，交流场开关与交流滤波器小组开关应不允许手动操作。程序设计不当。

处理措施：修改程序，当无功控制为自动模式时，交流场开关与交流滤波器小组开关不允许手动操作。

8. 接口屏机箱电源均为单电源供电

问题描述：所有接口屏（如 PMI、CMI、CSI）的机箱电源均为单电源板供电，不符合规范书要求。

原因分析：未按照设备规范书设计。

处理措施：增加了电源板，每个机箱由两块电源板供电。

9. 闭锁系统时整流站可以闭锁，逆变站仍为解锁状态

问题描述：有站间通信时主控站以 0 功率闭锁系统时整流站可以闭锁，而逆变站仍保持为解锁状态。

原因分析：检查程序，发现停运指令与最小电流允许停运指令不同步，导致闭锁指令最终无法送至 FPGA 来停发触发脉冲。

处理措施：修改软件后问题解决。

10. 无功设计报告及软件设计明显不正确

问题描述：设备厂家提交的无功设计报告及软件设计明显不正确。

原因分析：受制于工期要求，设备厂家未经严格审核即提交设计结果。

处理措施： 设备厂家重新设计并提交了无功控制报告。

11. 双套控制系统均不可用时紧急跳闸保护不起作用

问题描述： 两套控制系统均处于不可用状态时紧急跳闸保护不起作用。

原因分析： 紧急跳闸保护缺失。

处理措施： 安装了跳闸用的继电器，问题解决。

12. 主机 DSP 负荷率过高导致系统停运

问题描述： DCC800 主机的 DSP 停运（STALL）。

原因分析： 经检查发现 DSP 的负荷率达 95%，造成停运。

处理措施： 优化程序后降至 45%，未发生停运现象。

13. 测量板卡饱和引起测量故障

问题描述： 进行交流系统故障试验时，系统检测到测量故障，所有保护主机退出运行并导致系统停运。

原因分析： 板卡设计时未充分考虑测量信号的特点，不满足测量范围与精度要求，导致 IVD（换流变阀侧电流）测量板卡出现饱和，引起测量故障。

处理措施： 更换了所有 IVD 测量板卡（PS845 板卡全部更换为 PS862YI 板卡），问题解决。

14. 换流器退出时直流线路低电压保护动作，极闭锁

问题描述： 通信故障时，逆变站退出一组换流器时直流线路低电压保护动作，极闭锁。

原因分析： 无通信情况下，整流站不能正确判断逆变站换流器的个数，整流站 Ud_NOM 仍为 800kV，导致整流站 VDCOL 动作引起直流系统扰动，直流电压下降后直流线路低电压保护动作。

处理措施： 修改了软件，在通信故障时，VDCOL、GAMM0 选用不同的参数，退出一组换流器时系统可以稳定运行。

15. 投滤波器失败导致功率回降

问题描述： 送端站升功率时投滤波器不成功，引起功率回降。

原因分析： 检查发现无功控制程序会自保持交流滤波器的可用状态信号。因此尽管未收到 AFC 值班系统发出的交流滤波器可用信号，无功控制程序仍会误认为交流滤波器可用，造成滤波器投退逻辑错误。

处理措施： 修改了无功控制程序，问题解决。

16. 金属回线方纵差保护误告警或误动作

问题描述： 金属回线方式下的多个故障试验出现了金属回线纵差保护误告警或误动作情况。

原因分析： 经检查录波数据与程序发现，金属回线纵差保护采用本站大地回线转换开关（GRTS）处的测量电流 IDME 与对站 IDME 的差值作为判据，由于两站间通信有一定时延，而程序并未对对站 IDME 进行时间补偿，导致出口动作。

处理措施：增加时间补偿后动作正确。

17. 站间通信丢失导致金属回线纵差保护误动

问题描述：当失去站间通信时，金属回线纵差保护不起作用，保持失去站间通信前的对站电流测量值。如果直流电流改变后，再恢复站间通信，则有可能导致金属回线纵差保护动作。

原因分析：软件设计问题

处理措施：已修改软件，在站间通信正常时接收对站电流信号时增加了 1s 延时。

18. CCP 1M 频率信号和 10k 频率信号占空比不匹配

问题描述：原系统中，CCP 1M 频率信号占空比有效识别范围：475～525ns，10K 频率信号占空比有效识别范围：47.5～52.5ms，二者不匹配导致信号无法正确识别。

原因分析：原试验调整不当。

处理措施：通过试验调整为 1M 频率信号占空比有效识别范围：400～600ns，10K 频率信号占空比有效识别范围：40～60ms。

19. VCE 误报警问题

问题描述：合换流变进线开关时，CCP 发出的 FCS（控制脉冲 CP）有短时的波动，此时 VCE 检测 FCS 异常，VCE 报警并请求切换系统。

原因分析：原程序不当。

处理措施：针对 VCE 的 FCS 检测功能，修改了 ccp 程序，当交流进线开关合上时（CB_ON 信号变由 0 变 1），Undervoltage 变位信号（由 1 变 0）延时 500ms 发出，问题消除。

20. 开关状态信号变位引起直流保护误动

问题描述：送、受端站控保装置在联调中均发现存在断路器、隔离开关状态信号变位时会引起直流保护误动。

原因分析：设计不周。

处理措施：增加 RS 触发器，防止断路器、隔离开关状态信号变位引起的不利后果。

21. 直流过流保护定值未更新

问题描述：在 1.0pu 运行时，模拟受端站极 1 线路首端接地故障 1s，线路保护闭锁极 1 后，极 2 报极线过流保护，导致极 2 闭锁。另在进行受端站阀短路试验时，直流过流保护先于阀短路保护出现。

原因分析：经查发现此保护的定值还是以往工程的定值，未更新。

处理措施：在更正保护定值后正确动作，问题消除。

22. 融冰模式下保护动作信号死循环

问题描述：融冰模式下，控保设备的保护动作信号会在两站间死循环传递，导致保护动作信号一直不能复归。

原因分析：工程融冰方式较少使用且与常规功率输送方式差异较大，融冰模式下的两站保护信号配合需要重点验证。

处理措施：在程序中删除从对站收到跳闸信号后触发本站跳闸信号的逻辑后，正确动作。

23. 监控后台与 DCC800 主机的信息表不一致

问题描述：××工程联调过程中发现送、受端监控后台与 DCC800 主机的信息表不一致而引起了误操作。另外开关/刀闸/地刀对应的 IO 事件没有显示相应的调度编号，不利运行人员监视。

原因分析：设计问题。

处理措施：加监控后台与 DCC800 主机的版本 CRC 校验功能，避免监控后台与 DCC800 主机因信息点表不一致而引起的误操作。同时控保厂家将新产生的信息条目列在信号点表的最末端，避免插入引起的信息点表大范围错位。针对开关类设备部显示调度编号的问题，在对应开关/刀闸/地刀的事件信息增加特殊标签，监控后台收到这类信号后进行特殊处理，将调度编号显示在事件信息中，以便运行人员监视。

24. 逆变站丢失 CB_ON 信号导致避雷器击穿

问题描述：为了验证阀控系统在丢失 CB_ON 信号后的响应，极 2 全压运行时，在低端换流阀控系统中模拟 CB_ON 信号由 1 变为 0，导致极 2 高端 800kV 阀厅内的低压侧 400kV 母线避雷器击穿，单极停运，见图 5-1。

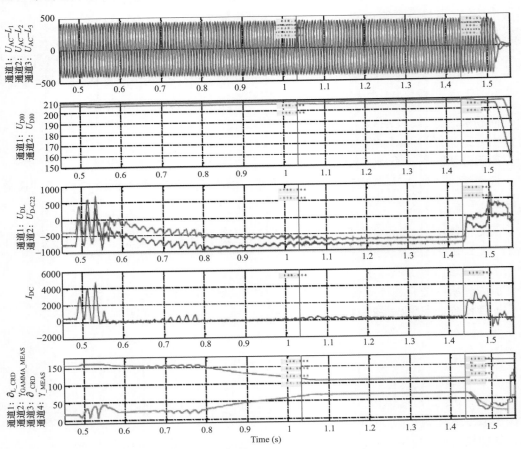

图 5-1　故障发生时交流电压及直流各分量

原因分析：CB_ON 信号无效，VCE 停止对换流阀的控制和监视并彻底封掉换流阀的触发脉冲，导致低端换流阀无法工作。电流回路中断，高端换流器低压侧电位悬浮，电压稳定升至 700kV 左右，避雷器能量激增，超出耐受范围而击穿。如果避雷器不击穿，将不会有保护动作，设备长时间耐受高电压，影响设备安全稳定运行，危害更大。避雷器击穿后，换流阀组差动保护和极差动保护动作，停运单极。

处理措施：CB–ON 信号由 1 变 0，不停发脉冲，不切换系统，仅报警。

25. 大角度监视保护

问题描述：在保护系统启动降压时，整流站直流电压瞬间降低至 70%额定直流电压，逆变站熄弧角增加，有载调压开关来不及动作，使得通过角度和 U_{dio} 计算出的换流阀过电压较高，导致大角度监视过电压保护动作。

原因分析：现场进行了 3 次大角度保护试验。第一次大角度监视过电压保护动作的原因是延时环节有问题，在降压后 100ms 保护动作跳闸。第二次保护动作也是过电压计算模型和延时环节有问题，降压后 200ms 保护动作跳闸；第三次试验没有保护动作，但在 6s 后出现了系统切换，一套控制系统退出运行，约在 8s 后保护复归（保护动作时间 12s），见图 5–2～图 5–3。

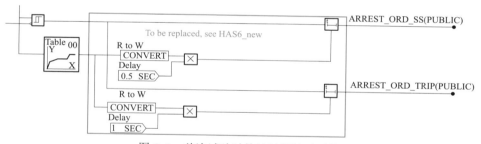

图 5–2　首次试验时的计时器计时环节

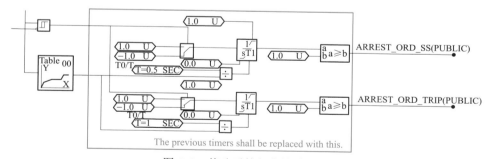

图 5–3　修改后的积分计时环节

处理措施：更改的方法是将计时延时环节改为积分延时环节；

$$U_1=(1+F\_COM)\times p_i/3\times U_{dio}\times\sin(f_i)$$
$$U_2=p_i/3\times F\_TR\_X\times F\_COM\times U_{dio}\times\sin(f_i)+p_i/3\times U_{dio}\times\sin(f_i+60)$$

f_i在整流站为触发角+换相角，在逆变站为熄弧角。

U_TOP 取 U_1 和 U_2 最大值。

调整的参数为：延长系统切换的时间，更改 F_COM 定值。

只有采用特定技术的换流阀设置大角度监视过电压保护。随着额定直流电流从 4500A 提高至 5000A，直流线路压降升高，受端换流站电压更低，熄弧角更大，保护降压引起的大角度监视过电压保护更易动作，这在后续工程建设中应予以注意。

26. 低端换流变充电时交流滤波器全部投入

问题描述： 在极 1 低端换流变充电时，由于母线电压 TA 信号在双极 BCP 柜中的端子被挑开，导致 BCP 测量得到的母线电压值为零，$U_{abs}min$ 控制投入所有处于热备用状态的交流滤波器/电容器。

原因分析：

1）低端换流器投入时没有校核该回路。换流站无功功率控制位于直流控制保护系统中的双极控制层，无功控制中电压采用交流 1 号母线、2 号母线电压，因交流母线已带电，在交流场带电前进行加压试验时，直流控制保护尚未投入运行，无法校核母线 PT 端子箱直至控制保护后台回路是否正确。

2）特高压换流站无功控制设计与常规换流站不同。在常规±500kV 高压直流输电系统中，换流站无功功率控制位于 PCP（极控制保护）中，交流电压优先取换流变进线电压信号；如果换流变进线电压无信号，取交流母线电压；如果交流母线无电压，系统默认电压至为额定电压。这种设计为换流变进线电压 PT 断线提供了双重后备保护，不会导致 $U_{abs}min$ 投入交流滤波器。

在±800kV 特高压直流输电系统中，换流站无功功率控制位于 BCP（双极控制保护）中，交流电压只取交流母线电压信号，电压测量没有监视环节，只要极 1 或极 2 充电，BCP 的无功控制就有效。如果母线电压回路测量值为低电压，$U_{abs}min$ 将投入交流滤波器，直到电压超过 $U_{abs}min$ 值为止。

处理措施： 在交流母线电压低于 80%时，向后台报紧急故障；

BCP 中的无功控制不再考虑极充电信号，只要电压高于 80%即起作用。

27. 板卡零飘问题

问题描述： ××工程整流、逆变站多次发生因板卡零飘问题导致保护动作，如整流站 CCP21A/B 两套系统测量板卡零飘过大，导致在 OLT 试验时报开路试验交流动作跳闸；或逆变站备用 B 系统的 IDNC 零飘过大，导致先发出 BPS 合闸指令，A 系统未发出 BPS 合闸指令，B 系统报 "BPS failure"。

原因分析： 设备问题。

处理措施： 为了提前发现零飘，需要在未带电时进行测量通道录波，以判断各板卡零飘是否过大，通常以不超过额定值的 1%为宜。

28. OLT 试验闭锁时阀误触发

问题描述： 阀控系统在 OLT 试验闭锁时，阀控系统投 A 相 1，4 号阀旁通，同时 3

号阀和 6 号阀发生误触发，造成 A、B 相通过旁路开关发生相间短路，回路流过近 40kA 的短路电流。

原因分析：

1）在不要求投旁通对的时候投入了 1，4 旁通对，为阀与 VCE 接口有误。通过录波发现控制系统在发出闭锁指令的同时有 BPPO 信号。控制系统与原阀控 VBE 接口时有两种状态，即闭锁和解锁，控制系统发出 BPPO 指令，但是此时 BLOCK 信号为 1，不会执行旁通对指令；而与新 VCE 接口时有 3 种状态，即解锁、闭锁和 BPPO，在有 BPPO 信号时，自动将解锁信号置 1，VCE 执行 BPPO 指令。经协调后，控制系统发给新 VCE 只有两种状态，即解锁和闭锁，在 DEBLOCK 信号为 1 时，BPPO 信号才有效。

2）阀 3 因 du/dt 过高导致阀触发。在发出晶闸管关断脉冲后一定时间，VCE 发出 du/dt 保护启动检测脉冲，在之后的 900μs 内为触发板卡的反向恢复期电压变化率检测时间。该保护定值为模拟量，范围在 30～50V/μs，如果电压变化率超过定值，将再次给阀发出触发脉冲。

3）阀 6 的导通原因尚不明确。可能的原因扰动使得双通道的检测脉冲时间差未超过 10μs，导致晶闸管收到双脉冲而误触发。

处理措施：修改 MC 板 FPGA 和 MCU 程序，确保控制系统发给新的 VCE 只有两种状态，即解锁和闭锁，在 DEBLOCK 信号为 1 时，BPPO 信号才有效。

29. 逆变站交流滤波器失谐告警

问题描述：极 1 低端换流器单极大地运行，输送功率 1800MW；极 2 低端换流变充电，5633、5634、5643 滤波器失谐监视频繁报警。极 2 低端换流器解锁后，5633、5634、5643 滤波器失谐监视告警消失，其中 5633 滤波器失谐监视告警持续约 31min。

原因分析：失谐监视报警采集到的滤波器小组末端电流互感器 T2 的三相电流，由此计算出小组滤波器零序电流。零序电流经过高通滤波得到零序谐波电流有效值。失谐监视仅发出告警信号，不跳开小组滤波器。

小组滤波器失谐判据如下：

I_SUM_HARM=RMS（I_{L1}+I_{L2}+I_{L3}）；

I_SUM_HARM＞DETUNED_REF_ALM×0.95，延时 2min，启动量报警；

I_SUM_HARM＞DETUNED_REF_ALM，延时 2min，动作量报警；

其中 I_SUM_SARM 为基波及谐波电流有效值，I_{L1}、I_{L2}、I_{L3} 为流入小组尾端电流。

HP24/36 交流滤波器启动量定值 83.3×0.95A，动作量定值 83.3A；HP12 交流滤波器动量定值 148×0.95A，动作量定值 148A。保护动作正确。

在单换流器大地回路运行方式下，交流系统变压器已经存在直流偏磁电流的条件下，极 2 低端换流变充电，幅值很大的励磁涌流产生了各次谐波，受变压器饱和的影响，谐波分量迅速增加，并且衰减缓慢，导致系统长时间存在较大零序谐波分量，引发交流滤波器失谐告警。当直流转为双极运行方式时，两极电流平衡，地电位升高引起的直流偏磁作用消失，交流系统谐波逐渐衰减，回到正常运行状态，交流滤波器失谐告警消失，见图 5-4。

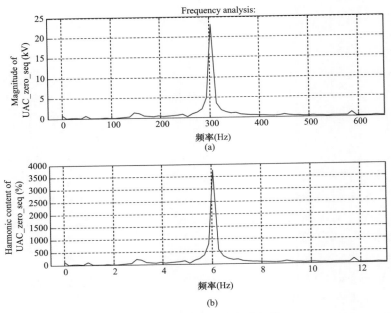

图 5-4　交流电压零序电流分量

30. 极 1 高端阀组紧急停运直流过压保护动作

问题描述：无站间通信，电流控制，电流定值 450A。整流站极 1 全压运行，高端阀组紧急停运试验时，极 1 直流过压保护动作，低端阀组闭锁。整流站试验波形见图 5-5。

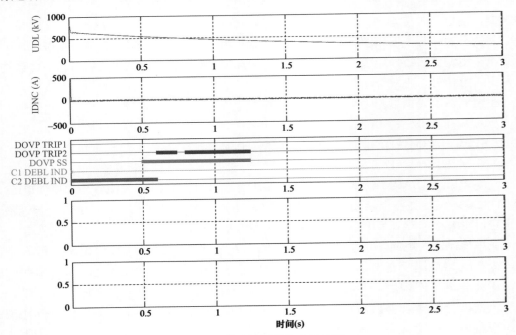

图 5-5　整流站试验各分量波形

原因分析：从保护录波中可以看出，直流过压保护 IV 动作（DCOVP_TRIP2 出口），极 1 低端阀组闭锁。过压保护 IV 段电压定值 1.3pu、时间 500ms。

根据保护设置，直流过压保护 IV 动作条件：

$U_{DL} > 1.3U_{ref}$ 且 $I_D < 0.05pu$。其中 U_{ref} 在单阀组运行时（CV1 bypassed or CV2 bypassed）为 400kV，双阀组运行时为 800kV。

通过录波可知，从 CV1 bypassed 至电压降至 520kV 时间为 570ms，因此直流过压保护动作正确。

处理措施：通过试验可知，由于本工程直流输电线路较长，在高端阀组紧急停运时，线路放电时间较长，直流电压下降缓慢，在此期间直流过压保护动作。

针对此种情况单独增加无通信情况下整流站换流器退出直流过压附加保护功能，引入无通信状态、换流器解锁与运行信息作为附加保护功能启动条件。保持其余运行方式下直流过压保护定值不变，将附加直流过压保护 IV 段时间定值，由 500ms 改为 600ms，但直流过压保护相关定值的修改需要对保护进行全面校核，且需要考虑直流设备过压水平。

31. 整流站极 II 低端逆变运行停运时报晶闸管级故障

问题描述：双极低端功率馈送 360MW，在正常停运时，换流阀上报 YY2 阀所有晶闸管级故障，同时，有部分晶闸管级故障复归。

原因分析：按照直流控制逻辑设计，逆变侧换流器闭锁时，系统同时发出 BPPO 信号和旁路开关合闸信号，BPPO 信号持续时间为 500ms。在 BPPO 信号有效期间，旁通对阀始终处于导通状态，无法建立起有效的正向电压，因此，无法对晶闸管的状态进行判断，由此，要求 VBE 在此期间暂停对旁通对阀的状态检测。

BPPO 信号消失后，旁通对阀的电压逐渐恢复，晶闸管上可以逐步建立起有效的正向电压，因此，BPPO 信号消失后延时一定时间后可以恢复晶闸管状态检测。

根据本次事件的事件报文和录波波形分析可以看出：

BPPO 信号的持续时间为设计的 500ms。

VBE 跳闸信号在 BPPO 信号有效后 620ms 发出。

也就是说，VBE 应该是在 BPPO 信号消失 120ms 后发出，这与目前的程序设计完全符合；从而，可以判断为 BBPO 信号消失后，旁通阀的电压逐步开展恢复，但恢复速度小于离线试验值，导致 VBE 在旁通阀电压恢复到设计的门槛值前提前开始检测，进而，VBE 将所有晶闸管状态误判为故障，YY2 阀的冗余丢失，发出紧急跳闸信号。

处理措施：仔细观察事件报文，发现在 VBE 发出跳闸前部分晶闸管阀故障开始返回，说明目前的延迟时间正好处于有效延时的边沿。通过增加延时，使所有晶闸管级在延时时间内全部恢复，避免由于 VBE 误判导致的跳闸事件发生。

32. 整流站交流滤波器频繁投切

问题描述：在极 1 低端换流器大负荷试验时，发现了交流滤波器存在频繁投切现象。

原因分析：经分析为软件问题。原程序中交流滤波器无论在投切过程中，均将指令展宽 1s，使得交流滤波器在投切过程中控制系统不断地投入又切除交流滤波器，导致无功功率控制由于交流滤波器的频繁投切而将自动控制切换为手动控制，如果交流滤波器在

1min 内投切大于或等于 3 次，将启动交流滤波器频繁投切功能将控制方式由自动转为手动。

处理措施：将上述展宽部分改成延时后，在极 Ⅱ 进行大负荷试验时，同样现象没有再发生，见图 5-6。

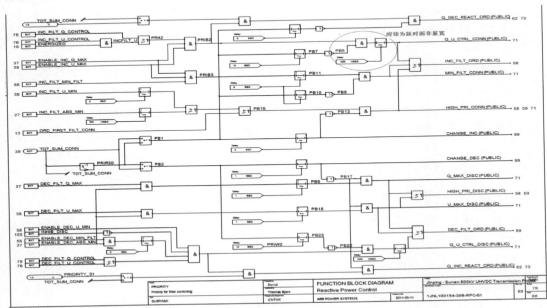

图 5-6　交流滤波器投切控制策略图

33. 换流器初次解锁不成功

问题描述：换流器初次解锁不成功。

原因分析：通过现场核查，发现整流站未正常解锁且 CCP 程序运行异常。随后相关技术人员对现场的控制保护软件、工程师工作站编译环境进行了仔细核查，并利用厂内仿真系统对现场的控制保护应用软件、工程师工作站编译环境等进行了测试，对应用程序 VSS 库也进行仔细核查，最终发现直流阀组控制主机 CCP 的一项编译库文件不是最新版本，导致 CCP 运行异常。

处理措施：将现场编译环境采用公司内备份进行替换的措施，并将两站应用软件重新编译下载后，控制保护功能恢复正常，极 2 低端解锁成功，随后，极 1 低端也解锁成功。通过对 VSS 库检查和工作过程回顾，确认技术人员在程序入库操作时出现遗漏，并在核对库内更新情况时未发现该问题。针对该问题，今后将加强对控保厂家进行严格控制，要求入库操作人员和核对人员分开，两人相互校核保证正确性。

34. OLT 试验导致 BOD 动作

问题描述：逆变站极 Ⅱ 进行 OLT 试验，结果 BOD 保护动作。

原因分析：OLT 试验是不带线路试验，电流比较小，容易出现断流，若在单个晶闸管上产生过电压，BOD 保护会动作。

处理措施：为完善 OLT 试验过程，在本工程的控制系统和阀控之间增加 OLT 试验信号，同时增加阀控与后台的监视报文。

（1）OLT 试验信号说明。OLT 试验信号，该信号有效表明控制系统目前处于 OLT 试验状态。在此状态下，阀控系统封锁保护性触发的跳闸出口。

OLT 试验信号采用光纤传输，信号为调制光信号。1MHz 代表信号有效，系统处于 OLT 试验状态；10kHz 代表信号无效，系统处于非 OLT 试验状态。非 1MHz 且非 10kHz 代表光纤通道异常，系统处于非 OLT 试验状态。

（2）监视报文。OLT 试验状态，阀控系统收到 OLT 试验信号有效时，输出"OLT 试验状态产生"报文信息，阀控系统收到 OLT 试验信号无效时，输出"OLT 试验状态返回"报文信息。

OLT 试验信号异常，阀控系统收到 OLT 试验信号的光纤通道异常时，输出"OLT 试验信号异常产生"报文信息，光纤通道恢复时，输出"OLT 试验信号异常返回"报文信息。

（3）软件修改方案。

为实现逆变站极 II 工作在 OLT 模式时封锁晶闸管保护性触发跳闸命令，软件进行了以下修改：

图 5–7 中，红色边框中的内容为软件修改部分，即在 Block 2　Source 1 的 bit 0 位增加了 OPEN_LINE_TEST（PUBLIC）。

图 5–7　OPEN_LINE_TEST

图 5–8 中增加 OPEN_LINE_TEST 后，当极 II 工作在 OLT 模式时，极控向 VCU 发送 OPEN_LINE_TEST 信号为"1"，此时 Enable_PF_Trip 信号为"0"，封锁住晶闸管保护性触发指令；当极 II 工作在正常运行模式时，极控发送的 OPEN_LINE_TEST 指令应该为"0"，此时 VCU 中的 Enable_PF_Trip 信号为"1"，即 VCU 使能晶闸管保护性触发功能，当晶闸管保护性触发个数超过设定值时，图 5–8 中的 PF_Trip_To_CAN（PUBLIC）信号为"1"，VCU 向极控发送晶闸管保护性触发跳闸指令。

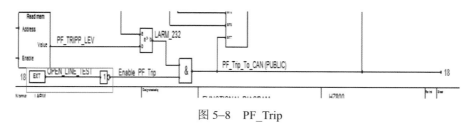

图 5–8　PF_Trip

35. 关于无通信整流站闭锁后逆变站大角度监视跳闸

问题描述：进行无通信整流站 Y 闭锁试验，逆变站大角度监视跳闸动作，具体情况如下：

（1）15:44 整流站下令极 2 断开站间通信。

（2）15:48 整流站下令极 2 模拟整流站双极母线差动保护跳闸 Y 闭锁，事件显示纵差保护被闭锁，中性母线差动保护动作，执行保护 Y 闭锁，跳开 5051 断路器，试验成功。

（3）15:49 逆变站极 2CCP2 两套系统报大角度监视跳闸、保护 V 闭锁、保护 Y 闭锁、跳交流断路器，5023 断路器跳开，极隔离。

无通讯整流站闭锁后，逆变侧保持解锁状态，波形见图 5-9。

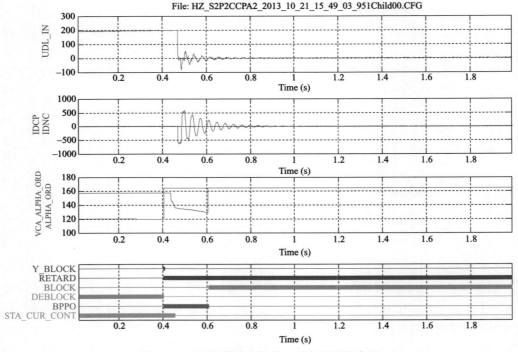

图 5-9　无通信整流站闭锁，逆变侧解锁波形

原因分析：整流侧闭锁后，逆变侧进入定电流控制状态，触发角维持在 120 度左右，满足大角度监视动作条件，大角度动作逻辑正确。无通信整流侧闭锁后，逆变侧应由 U_{dlow} 功能强制触发角为定电压调节器输出，避免逆变侧进入定电流控制状态；经核实，本工程控保程序中未配置该逻辑。

处理措施：修改程序，增加无通讯逆变侧 U_{dlow} 功能，解决该问题。程序修改后进行同样工况下试验，无通信，整流侧闭锁后，逆变侧保持解锁状态，触发角 ALPHA_ORD 被置为电压调节器输出 VCA_ALPHA_ORD，大角度监视不会动作，波形见图 5-10。

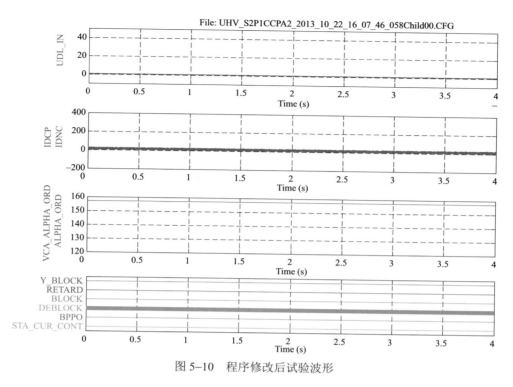

图 5-10 程序修改后试验波形

36. 失去 110V 直流系统电源故障时逆变站极 1 闭锁

问题描述：××工程整流站在进行失去 110V 直流系统电源故障时，逆变站极 1 闭锁。试验前，极 1 低 CCP12A 主机处于值班状态，CCP12B 主机处于备用状态。试验时，断开 110V 直流 B 段电源，CCP12B 报"信号电源故障"，"PCS9519（VBE 接口装置）A 路电源故障"以及"PCS9519 B 路电源故障"。由于报出 PCS9519 两路电源失去，CCP12B 主机报紧急故障，退出备用。同时由于 CCP12A 和 CCP12B 主机均检测到非电量接口机柜 CNEPB 信号电源故障，CCP12A 和 CCP12B 均报严重故障。由于此时 CCP12B 主机退出备用时间没有超过 10ms，导致 CCP12B 主机重新进入运行状态，CCP12A 退出运行，退出备用状态，进入服务状态。此时两套阀控主机处于运行主机有紧急故障，另外一套系统不可用的状态，极 1 闭锁。

原因分析：此次试验过程中存在 3 个问题：

（1）断开直流 B 段电源时，PCS9519 冗余电源均报出故障，实际只有 B 路装置电源断开。由于 PCS9519A/B 电源 OK 信号均接入相应阀控屏柜的+1.H4 板卡，板卡信号电源 A 屏取自 A 段电源，B 屏取自 B 段电源，所以在断开 B 段直流电源后，由于 B 系统失去电源信号，导致报出冗余电源故障。

（2）CCP12A 报严重故障，控保软件对该故障的等级设置不合理。

在 CCP12B 主机由于紧急故障退出备用后 10ms 内，CCP12A 主机严重故障，CCP12B 又切回运行状态。在某个系统由于紧急故障退出备用后 10ms 内，只判断对系统是否 OK 来决定是否切回运行状态，而对系统严重故障或者紧急故障都可能导致不 OK，一旦由于对系统严重故障导致对系统不 OK，就有可能造成将两套系统中状态较差的系统升为值班系统。

处理措施：

1）将 A 电源和 B 电源 OK 信号分别接入阀控屏柜+1.H4 和+1.H12 板卡，但板卡信号电源不取现在的外部信号电源，而是+1.H4 板卡取装置 A 电源作为信号电源，+1.H12 板卡取装置 B 电源作为信号电源，保证任一段直流电源失去时，不会同时报 PCS9519 冗余电源故障。

2）已改为检测到三套非电量接口机柜均信号电源故障报严重故障。

3）系统切换逻辑需要针对该问题进一步分析研究，进行功能改进。

37. 极 2 低端换流器不具备 OLT 条件

问题描述： 极 2 换流变解锁时发现 OLT 条件不满足，不能正常解锁。

原因分析： VCU 发至 CCP 的 VCU_DIVERGENCE 信号为 1 时表示 VCU 异常，为 0 时表示 VCU 正常，而 CCP 程序中进行相反处理。因此在 VCU 正常时，控制保护系统反而检测出 VCU 异常。控制保护判断取反导致 OLT 条件不具备。

处理措施： 在 CCP 收到 VCU_DIVERGENCE 信号增加一个取反模块。这样就与实际 VCU 系统匹配正确，满足 OLT 条件。

38. RFO 始终不满足

问题描述： 在准备解锁时 RFO 始终不满足条件。

原因分析： 经检查控制保护程序，发现 RFO 要满足，需要投入四组冷却器，而实际情况却不能在换流变充电时就投入四组冷却器，换流变均按照温度和负荷投入冷却器。

处理措施： 通过排查程序，确定 OLT_RFO 不判断换流变冷却器运行的情况，按照此要求修改控制保护 RFO 判断逻辑。

39. CPR 报出 UVD、UVY 测量故障

问题描述： 换流变充电时，阀组保护 CPRA、B、C 系统均报 UVD、UVY 测量故障。

原因分析： 电压测量自检功能逻辑不太合理，原判据中要求三相电流采样值中最小的一相的 0.7 倍大于设计额定值的 0.5 倍时报警，在正常工况下均满足判据，将报警。

处理措施： 将程序修改为三相电流采样值中最小的一相的 0.7 倍小于设计额定值的 0.5 倍时报警，恢复正常。

40. 极 1 OLT 时 VCE 发出 BOD 动作报警，VBE 故障跳闸

问题描述： 在进行极 1 OLT 实验时，VCE 发出 BOD 动作报警，控制保护系统报 VBE 故障跳闸。

原因分析： 做 OLT 试验时较易出现 BOD 动作报警。而在出现 BOD 动作报警时，控制系统将出现严重故障，并请求系统切换，而当时快速切换光纤错误，导致切换时 A、B 系统同时为主的时间超过 200μs 引起 VBE 故障跳闸。

处理措施： 做 OLT 时将 OLT 信号通过光纤传给 VCE 系统，VCE 收到 OLT 时将不进行 BOD 动作报警。同时正确连接 VBE 接口装置的快速切换光纤。

41. IDEL 计算方式错误导致解锁试验时计算值报警

问题描述：在进行解锁试验时，P2PCPA/B 系统报出站内接地电流极 2 计算值故障，系统报出接地极引线极 2 计算值故障；P2CCP2A/B 报出 P2 的 A 相换流变电流 IVD1 错误。

原因分析：控制保护程序中计算 IDEL 电流方向时，未根据极 1、极 2 金属回线运行方式进行选择，导致与实际测量电流不一致报出计算值故障。

处理措施：修改控制保护程序,增加选择器根据不同的运行方式选择不同的电流方向。

42. 阀冷却系统含氧量高报警后阀组无法进入 RFO

问题描述：在调试中发现，阀冷却系统含氧量高报警后阀组无法进入 RFO。

原因分析：阀组 RFO 中阀冷却系统判断条件为跳闸、报警、就绪等多个信号。根据阀冷却系统与控制保护系统接口技术协调会会议纪要中对阀冷却系统厂家的要求，阀冷却系统软件中已将所有影响换流阀运行的信号合成为"阀冷却系统就绪"信号，控制保护系统在换流阀运行前只需判断阀冷却系统是否就绪即可，已按照要求完成。

处理措施：修改软件，判阀组 RFO 时只判断阀冷却系统是否就绪即可。

43. 整流站模拟 Y 闭锁，导致系统闭锁

问题描述：在无通信整流站模拟 Y 闭锁，逆变站大角度保护动作，系统闭锁。

原因分析：经过分析，在站间通讯中断的情况下，控制器的电流指令在 0 左右浮动，选择器选择输出错误的角度指令。

处理措施：修改软件在电流指令在 0 左右浮动时，将角度固定，避免出现大角度监视跳闸。

44. 模拟紧急停运试验时晶闸管避雷器动作报警

问题描述：在做极 2 无通信逆变侧紧急停运实验时，执行闭锁时间晚，晶闸管避雷器动作报警。

原因分析：经过分析发现，当时阀控 B 系统处于值班状态，而当时阀控 B 系统接收到紧急停运信号晚于 A 系统 16ms，收到时间不准确，导致后面闭锁时序执行不准确。现场检查，发现阀控 B 系统 CCP 紧急停运信号辅助继电器动作不准确导致。

处理措施：现场更换阀控 B 系统 CCP 紧急停运信号辅助继电器后，恢复正常。

45. 极 1、极 2 阀组 U 闭锁时报阀避雷器动作

问题描述：极 1 阀组 U 闭锁试验时，低端阀组某避雷器动作，此时交流过电压 699kV。

原因分析：现场波形见图 5-11。

通过分析可知，断路器的开断时刻离散型较大，B 相断开后经过 2ms，A 相断开，经过 6ms，C 相再断开。因此，当时的场景与逆变侧交流系统单相故障较为类似，靠近中性母线的阀避雷器会动作。

经过对现场事件的仿真重现，得出避雷器最大动作能量约为 7kJ，远小于 3.9MJ 的设计水平，设备是安全的。根据仿真，试验中最大的能量为 260kJ，相对避雷器设计能量也较小，做试验没有问题。

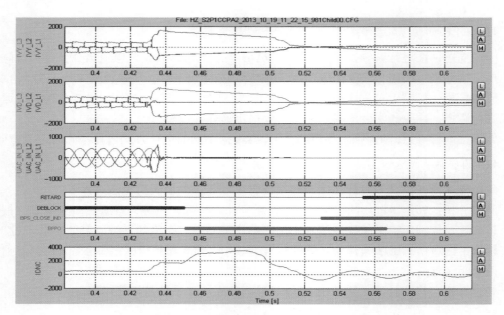

图 5–11 交流过电压时各分量试验波形

处理措施：① 在现场断路器动作环境下，避雷器动作是正确的。② 在低端试验时，频繁做闭锁试验、逆变侧丢脉冲，设备安全是可以保障的。在高端试验时，需要注意试验次序，特别是逆变侧试验，跳闸试验应该错开做。③ 需要校正交流滤波器断路器和 GIS 的开断时间。

46. 交流滤波器进线开关"三相不一致出现"报警

问题描述：整流站进行解锁自动合交流滤波器进线开关时，5623、5634、5632、5642、5643、5622、5624 等开关报"三相不一致出现"报警，并随即复归，且每次都是 AFC 的 A 系统报，B 系统不报。

问题原因：A、B 系统三相不一致报警接点采用的继电器不一样，A 路采用合闸继电器，B 路采用跳位继电器和分位继电器，因继电器特性不一致，导致 A 路报警。

处理措施：在 AFC 中加 10ms 的防抖以解决此暂态报警。

47. PCP 有效系统电源故障试验造成单极停运

问题描述：整流站 PCP 有效系统电源故障试验中，当关掉值班系统 PCP1B 系统双电源时，极 1 停运。

问题原因：在关掉值班系统 PCP1B 系统双电源时，同时发生备用系统 PCP1A 主机检测到系统间通讯故障（检测时间为毫秒级）时，会切换到备用站层控制 LAN 通道检测 PCP1B 主机的状态，当备用通道也检测到 PCP1B 主机失去时，PCP1A 主机自动切换到值班系统。由于备用通道检测时间较长，导致大约 3s 的时间内 PCP 主机无值班主机，当 CCP 主机检测到双套 PCP 主机都失去时，停运 P1。

处理措施：采用备用通道检测时，将 STN_OK 的判据改用 PCP 主机的心跳信号（Alive）。

48. 直流 TA 故障试验造成直流电流大幅上升

问题描述：整流站在模拟直流 TA 故障试验中，当断开极 1 值班 A 系统的 IDNC 二次测量端子后，极 1 直流电流由 500A 上升至 1000A，功率由 400MW 升至 800MW。1min 后值班系统报出极 1IDNC 错误，报轻微故障，10s 后切换至 B 系统，极 1 直流电流由 1000A 降至 500A。

问题原因：检查控制保护系统软件发现，控制系统对 IDNC 测量错误判断逻辑有 60s 延时，而对于轻微故障切换系统有 10s 延时，在 PCP 值班系统切换前，值班系统检测到的 IDNC 为 0，而此时电流指令仍为 500A，从而导致裕度补偿逻辑 CMR 积分器有动作输出，叠加到当前指令值上，由于 CMR 输出最大限幅为 500A，因此，实际电流指令为 1000A。当值班系统切换至 B 时，电流裕度补偿指令变为–500A，又将电流指令降至 500A。

处理措施：将 IDNC_FAULT 的延时由 60s 改为 100ms，故障等级由轻微改为严重。

49. 功率整定值变化后功率突变导致单极闭锁

问题描述：整流站极 1 双换流器 400MW、极 2 低阀组 200MW 运行，双极功率指令整定为 600MW 后功率突变为 0MW，极 1 双阀组闭锁；12:56，极 1 双换流器 400MW、极 2 低阀组 200MW 运行，双极功率指令整定为 600MW 后，功率突变为 0MW，极 2 低阀组闭锁。

问题原因：由于控保软件 AnalogOrder 模块功能设置有误，导致输出了一个越限的值所致。

处理措施：修改应用程序中 AnalogOrder 模块功能，修改后对于输入值越限的处理逻辑如下：① 当运行人员输入的遥调值不满足后台上显示的上下限值时，后台无法执行"输入"操作；② 当运行人员输入的遥调值满足后台显示的上下限值但不满足 AnalogOrder 符号输入的上下限值时，当点击"输入"按钮时，给出越限报警，同时后台屏蔽"执行"按钮；③ 当运行人员输入的遥调值满足后台显示的上下限值同时也满足 AnalogOrder 符号输入的上下限时，当点击"输入"按钮时，给出选择成功信息。若此时由于直流运行的变化导致输入 AnalogOrder 符号的上下限值发生了变化，进而导致运行人员之前已经选择成功的遥调值不满足 AnalogOrder 符号的限制要求，当点击"执行"按钮时给出越限报警信息，并且屏蔽 AnalogOrder 的 setpoint（保持之前的值）和 enter（0）的输出，认为此次操作无效；④ 对于没有正确设置遥调指令的操作只给出报警信息，不产生事件。

50. 光 TA 故障导致功率突变

问题描述：××工程整流站 PPR21A 报警 IDC1N 测量异常，且 A 套保护监测到的 IDC1N 值一直下降，同时由于光 TA 接口柜送至 CPR 的测量 OK 信号一直为有效状态下，导致 CCP 一直取 A 系统的电流值参与电流控制，进而导致极 1 功率由 400MW 一直升到 600MW，且无法手动降功率。

问题原因：① 检查发现远端模块采集模拟量的同轴电缆松动，导致采集数据异常；② 控保软件中，CCP 并未直接采集 IDN1C，而是通过 CPR 采集，但由于 IDN1N 测量 OK 信号仍有效，故 CCP 两系统仍采用 A 系统的电流值参与电流控制 CCA，导致功率攀升。

处理措施：① 拧紧同轴电缆后，重新注流，检查 IDC1N 电流值正常，可以投入运行；② 修改软件，在阀组两端电流差值大于 200A 时，判断为对应系统测量故障，并报轻微报警切换系统；同时阀控 A 主机优先取阀保护 A、C、B 套的电流，阀控 B 主机优先取阀保护 B、C、A 套的电流。③ 对现场其他光 CT 接口屏进行了检查，发现有线缆松动，已重新紧固。

51. 单极降压恢复全压运行时直流滤波器失谐报警

问题描述：一极降压运行，另一极全压运行，当降压压极恢复全压时，后台报直流滤波器失谐报警。

问题原因：报警定值设置不合适，应避免在不对称运行时报警。

处理措施：已修改软件，在双极电压差值大于 20kV 时闭锁失谐报警。

52. 极 1 高端阀厅消防跳闸试验时闭锁方式不正确

问题描述：极 1 高端阀厅消防跳闸试验时，导致极 1 双阀组闭锁。

问题原因：极 1 高端阀厅消防跳闸试验时，对极 1 高端阀组执行了 Y 闭锁，而不是 V 闭锁，导致高端阀组 Y 闭锁后，BPS 未拉开，进而导致低电压保护动作，再启动 2 次不成功后，线路再启动逻辑闭锁极 1 低端阀组，最终导致极 1 双阀组闭锁。

处理措施：修改软件，将阀厅消防跳闸改为 V 闭锁。

53. 阀控主机备用系统报"直流中性点电流 IDNC 错误"

问题描述：CCP11B 备用系统报"直流中性点电流 IDNC 错误"，CCP11B 严重故障退出备用，300ms 复归。

问题原因：IDNC_DIFF 设定的偏差值较小，为 125A，同时由于该信号的防抖时间只有 300ms。因此，系统扰动时，会造成缺陷事件中描述情况出现。

处理措施：修改 IDNC_DIFF 设定的偏差值由 125A 改为 300A，以躲过系统扰动。

54. IDNC 信号丢失造成阀控值班主机频繁切换状态

问题描述：IDNC 信号丢失后，CCP21B、CCP22B、PCP2B 值班主机严重故障，退出备用，退至服务；退至服务后，严重故障消失，并在 1min 后自动切至备用，然后再次报严重故障，退至服务，并再次故障消失，1min 后切至备用，不断循环，直至故障恢复。

问题原因：检查软件发现，将 CCP 及 PCP 的 IDNC 错误轻微故障等级修改为严重后，未对主机故障判断逻辑进行跟随修改（当前软件中，仅值班和备用主机才会对该事件报严重故障，其他状态时不判断），导致在主机退出备用、退至服务后，不满足主机严重故障检测条件，进而导致服务状态的主机严重故障消失，又变为无故障状态，并自动切至备用，又满足严重故障检测条件，再退至服务，故障消失后，再切至备用，不断循环，直至故障恢复。

处理措施：对软件逻辑进行完善，在主机为运行、备用、服务状态下，都能对故障进行检测。

55. 站间通信故障时，逆变侧电流参考值设置不正确

问题描述： 功率控制模式，无通信条件下逆变侧极Ⅰ单阀组运行，功率正送，定值 2000MW，在线投入逆变侧极Ⅰ另一阀组，整流侧极Ⅰ电压上升至 700kV 左右后缓慢上升至 800kV。

问题原因： 站间通信故障时，逆变侧电流参考值跟踪实际值滤波时间设置不正确。

处理措施： 在投退瞬间由 30s 改成 100ms，并保持 2s。

56. BPS 电流测量值扰动造成单极闭锁

问题描述： 有通信条件下，功率正送，逆变侧极Ⅰ单阀组运行，电流控制，定值 5000A，在线投入逆变侧极Ⅰ另一阀组后，极Ⅰ闭锁。

问题原因： 因投入阀组对应的 BPS 拉开后 BPS 电流测量值扰动造成误动作。

处理措施： 将程序中电流动作定值由 50A 改为 200A，问题解决。

57. 关断角参考值设置不当造成换相失败保护动作

问题描述： 有通信条件下，功率正送，逆变侧极Ⅰ单阀组运行，电流控制，定值 5000A，在线投入逆变侧极Ⅰ另一阀组，逆变侧报换相失败保护动作退出该阀组。

问题原因： 关断角参考值设置不当。

处理措施： 投入阀组时（BPS 分闸）在程序中将逆变侧关断角参考值临时增加 8°并维持 500ms，问题解决。

58. 锁相补偿角度设置不当导致换相失败频发

问题描述： 厂内联调试验，正送金属回线 5000A 稳态参数换相角度增大，在之前的试验中换相角为 23°，gam 角 17°。后期试验由于修改了部分逻辑，换相角度 28°，gam 角 14°，导致厂内调试试验时易发生换相失败。

问题原因： 换相角发生更改。

处理措施： 锁相补偿角度由 0.152（13.68°）改为 0.166（14.94°），换相角减小，gam 角度增大至 17°。

59. VDCL 和不平衡保护时间定值配合不当

问题描述： 极Ⅰ无通信，1.0p.u.运行，逆变站单侧退出阀组，30s 后整流站闭锁。逆变站无通信闭锁直接投入旁通对，整流站检测到电压快速变化封锁 VDCL 30s，无通信时不平衡保护延时也是 30s。

问题原因： VDCL 和不平衡保护时间定值的配合存在问题。

处理措施： 封锁 VDCL 的时间延时改为 50s，让不平衡保护先于 VDCL 动作。

60. 换流阀充电状态下，VBE 接口柜无 VBE OK 信号

问题描述： 换流阀充电状态下，VBE 接口柜无 VBE OK 信号。

问题原因： 充电状态下（闭锁状态），控制系统仍向接口柜及 VBE 发 FCS 信号（控制脉冲），此时接口柜无 DEBLOCK 信号，不产生 VBE OK 信号。

处理措施： 修改接口柜逻辑，接口柜在换流阀充电状态下不判断有无 DEBLOCK，使

之能够正常发出 VBE OK 信号。

61. 控制脉冲 FCS 信号调制形式不正确

问题描述： 控制保护向 VCE 发送的控制脉冲 FCS 信号调制形式不正确。

问题原因： FCS 信号要求为高电平信号，实际发出的为 1MHz。

处理措施： 在接口柜中将 FCS 信号更改为高电平信号。

62. 发 trip 跳闸试验造成换流器控制系统频繁切换

问题描述： VCE 模拟发 trip 跳闸试验，直流未闭锁，换流器控制系统频繁切换。

问题原因： VCE 备用系统不发出 trip 信号，当主系统发出 trip 信号后，备用系统转为值班，此时有 trip 信号产生；而退出值班的控制系统 trip 信号消失，系统恢复正常备用，因此又发生切换，导致频繁切换。

处理措施： 修改 VCE 程序：在主系统发出 trip 信号时，备用系统同时发 trip 信号。

63. 控制保护无法实现丢脉冲 80ms 切换系统，100ms 跳闸

问题描述： 控制保护无法实现丢脉冲 80ms 切换系统，100ms 跳闸。

问题原因： 丢脉冲判断逻辑在控制保护和 VBE 的接口柜（VCUI 柜），两套 VCUI 柜软硬件逻辑相同且独立，因此两套系统同时丢脉冲 80ms 会不切换系统即直接跳闸出口。

处理措施： 阀控接口柜丢脉冲 80ms 与 100ms 时刻均开出丢脉冲接点，实现切换和跳闸。

64. DEBLOCK 断线导致整流站整流器故障

问题描述： 此问题为不同厂家使用阀控接口柜存在的共性问题。模拟换流器控制主机 CCP 至阀控接口柜 VCUI 间 DEBLOCK 信号断线（电信号），阀控接口柜停发控制脉冲，直流电流中断，导致整流站整流器故障，极闭锁。

问题原因： 阀控接口柜无法对电信号 DEBLOCK 自检。

处理措施： 增加 CCP 与 VCUI 柜之间 BLOCK 信号。通过判断 DEBLOCK 和 BLOCK 信号互斥来监测信号丢失。当两信号相同时，延时 7ms 报 VBE NOT OK 执行系统切换。

65. 极功率升降不满足极平衡快速性要求

问题描述： 两极不平衡运行，双极中性母线接地故障，两极功率慢慢升降，不满足极平衡快速性要求。

问题原因： 极平衡判据设置不当。

处理措施： 使用两极 IDNC 参考值作为极平衡判据，实现极快速平衡。

66. 直流线路接地故障，系统重启时未正常降压

问题描述： 做直路接地故障试验，3 次重启，均未正常降压。

问题原因： 站间通信异常导致整流站和逆变站重启计数不一致。

处理措施： 将送至逆变站的整流站重启次数宽度有 150ms 调整为 200ms，问题解决。

67. NBGS 开关缺少判断单极运行方式的联锁功能

问题描述：直流系统运行于单极有功率状态下，NBGS 可以通过手动合闸，导致站接地过流保护引起单极闭锁。NBGS 开关缺少判断单极运行方式的联锁功能，存在运行人员误操作导致直流单极闭锁的风险。

处理措施及结果：增加了 NBGS 判断单极运行方式的联锁功能，以防止运行人员误合 NBGS 导致的站接地过流保护动作，闭锁单极。新的联锁逻辑为，在直流有功率状态下，在单极大地方式运行时，无法通过遥控合上两端换流站的 NBGS；在单极金属方式运行时，无法通过遥控合上送端换流站的 NBGS。

68. 直流线路保护误动导致单极闭锁

问题描述：在进行直流线路保护试验时，试验工况为极 I 400kV，极 II 800kV，功率正送满功率运行，模拟极 II 直流线路中点发生 100ms 接地故障。在极 II 因线路故障重启动过程中，极 I 发生电压突变量保护误动闭锁单极的现象。

处理措施：检查发现，电压突变量保护中的低电压定值应为 0.4p.u.，但软件中此定值并未进行整定，导致程序默认选择 0.7p.u. 作为定值，引起保护误动。将该定值整定为 0.4p.u. 后重复试验成功。问题解决。

69. 差动重启双极功率平衡过程很长

问题描述：在进行换流器差动重启本极另一换流器功能试验时发现，当系统处于大功率运行时，逆变侧换流器差动保护动作退出一个换流器，另一个换流器自动重启后，双极功率平衡过程很长。

处理措施及结果：经查双极功率平衡功能有两个速率，其中的大速率用于故障恢复后的双极平衡功能，小速率用于正常运行时的双极平衡。原程序中逆变侧在故障后选择的双极平衡速率为小速率，导致平衡过程很长。修改方法为增加了逆变侧故障后自动选择大速率启动双极平衡的逻辑，并通过试验验证。问题解决。

70. 直流线路带故障解锁运行的风险问题

问题描述：在进行直流线路故障重启不成功后自动重启单换流器功能试验时发现，故障换流器在隔离状态未完成前，健全换流器就已自动解锁，存在带故障解锁运行的风险。

处理措施及结果：经查健全换流器的 RFO 逻辑中不判断本极另一换流器的状态。修改方法为在启动自动重启过程中，健全换流器的 RFO 条件中增加本极另一换流器隔离状态为 1 的使能，保证故障换流器可靠隔离后才能再次解锁，并通过试验验证。问题解决。

71. 故障重启不成功自动重启单换流器试验问题

问题描述：在进行直流线路故障重启不成功后自动重启单换流器功能试验时发现，自动重启过程中发生 NBSF，无法中断自动重启功能，WNQ13 会继续自动合上。问题原因是由于原来判断极隔离的条件为 WNQ1WNQ1WPQ17 处于分位状态，但 NBSF 后，NBS

处于合位，WNQ1WNQ13 处于分位。原程序仍认为极隔离状态产生，故继续执行重启顺控，发出合 WNQ13 命令。

处理措施及结果：极隔离条件中增加 NBS 分位状态，确保 NBS 后极隔离无效，自动重启功能不会继续执行。此功能已通过验证。问题解决。

72. 直流线路故障行波保护未动作

问题描述：××工程直流线路人工短路试验，BO 方式下送端侧线路模拟极 1、极 2 线路故障时送端站仅突变量保护动作，行波保护未动作；受端侧模拟极 1、极 2 线路故障时，送端站仅行波保护动作，电压突变量保护不动作。

原因分析：直流线路行波保护通过零模行波幅值和差模行波幅值以及零模变化量来判断，一般零模的传播速度比差模块，计算零模幅值一般要进行时间差补偿，以便与差模对应判断。

处理措施：为解决送端侧直流线路故障送端站行波保护未动作的问题，修改了程序中行波保护零模时差补偿参数。修改之前由于近端故障直流滤波器放电电流的影响，导致故障方向判别有误，行波保护没有动作；通过查看现场波形，调整了补偿时间，使行波保护方向判别正确。

程序修改后重新进行试验，BO 方式下送端侧极 1、极 2 线路故障时，行波保护和电压突变量保护均正确动作。受端侧极 1 线路故障，电压突变量保护仍未动作，经查，原因为突变量出口电压低条件未满足，由于该定值涉及不对称工况下的双极相互影响，在征得国调中心同意后，维持现状不做修改，且由于 3 套行波保护均正确动作，并不影响对直流线路故障的判断。

另外，MR 方式进行受端侧极 1 线路故障试验时，送端站行波保护仅有 B、C 套动作，A 套未动作，查看波形主要由于实测零模变化量幅值在定值附近，因测量差异导致 A 套未动作。更新了行波保护零模突变量定值（从 950kV/ms 修改为 850kV/ms），经试验验证，3 套行波保护均正确动作。

73. 换流站 YY/YD 阀换相角测量不一致

问题描述：受端换流站极 1 低压阀组大负荷试验中，极 1 低端大负荷时，极 1 低端 Y/Y 换相角测量值 25°，Y/Δ 换相角测量值 22°。受端换流站极 2 低压阀组大负荷试验中，极 2 低端大负荷时，极 2 低端 Y/Y 换相角测量值 25°，Y/Δ 换相角测量值 22°。

原因分析：受端换流站的交流电压含有较多的 5、7、11、13 次背景谐波，如图 5—12 所示。程序中 Y/Y 和 Y/Δ 计算换相角和触发角测量值的参考电压分别是其线电压，计算公式如下：

$$U14Y = UA - UC$$
$$U36Y = UB - UA$$
$$U52Y = UC - UB$$
$$U14D = 2UA - UB - UC$$
$$U36D = 2UB - UA - UC$$

$$U52D=2UC-UA-UB$$

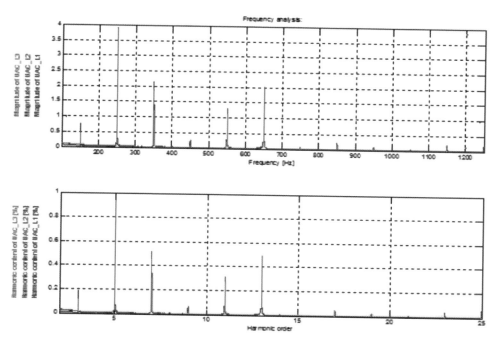

图 5–12 受端换流站的交流电压 5、7、11、13 次背景谐波

由于交流电压谐波的存在，导致上述 Y/Y 和 Y/Δ 线电压过零点出现偏差，而换相角和触发角测量值的计算都依赖于线电压的过零点，从而可能会导致 Y/Y 和 Y/Δ 的换相角和触发角测量值出现偏差。

分析结论：程序中用于触发阀导通采用的是触发角指令值，以交流电网相电压为参考电压，通过电流指令值和测量值之差积分得到，其并不区分 Y/Y 换流器和 Y/Δ 换流器，转换为等间隔的 12 路触发脉冲发送到 VCE。

因此，YD 阀换相角测量不一致不会影响换流阀触发脉冲的正常触发。

74. 换流站 PCP 有效系统电源故障试验分析

问题描述：送端站进行极 2 PCP 有效系统电源故障试验，步骤如下：

（1）将值班的 PCP B 系统断电，PCP A 系统切换为值班状态；

（2）恢复 PCP B 系统供电，将 B 系统升至备用状态；

（3）立即断 PCP A 系统电源，结果 B 系统升至值班状态后 16ms 又退出值班状态，切换不成功。

试验过程主要事件如下：

（1）首先断开极 Ⅱ PCP B 断电，PCP A 系统切换为值班状态，事件记录显示：（S1P2PCP1 A 正常，切换逻辑运行）。PCP B 备用。

（2）PCP B 电源恢复，运行人员将 PCP B 切换至服务状态。

（3）运行人员将 PCP B 切换至备用状态。

（4）断开极 II PCP A 断电，PCP B 系统切换为值班状态，事件记录显示：（S1P2PCP1 B 正常，切换逻辑运行），B 系统进入运行状态。

（5）大约 3ms 后，显示 PCP B 系统至 PCP A 系统间通信通道故障。

（6）大约 16ms 后，PCP B 系统退出运行。

（7）PCP A 断电 1s24ms 后，极 II 停运。

问题分析：PCP 系统间通信设置了双重冗余的直连通道和双重冗余的 STN_LAN 后备通道，只在 4 个通道全部监视到对系统通信中断后，才确认对系统故障。

在上述第（4）步骤断 PCP A 系统电源后，PCP B 系统首先通过直连通道判断 A 系统故障，因此 B 系统进入值班状态，但在 B 系统进入值班状态后 15ms 内，仍收到 STN_LAN 后备通道发来的 ACTV 有效信号，因此 B 系统又退出值班状态，导致切换不成功。STN_LAN 后备通道检测通信故障正常应在 8～10ms 内完成，此次试验中 15ms 内 STN_LAN 仍收到 A 系统 ACTV 有效信号说明其通信有延迟，原因可能是 B 系统主机在上电恢复过程中网络报文较多，影响了 STN_LAN 的传输速率。

第一次试验切换不成功后，当天又在送端和受端换流站共重复该试验 3 次，试验均成功通过。

原因分析：导致第一次试验不成功的主要原因是对 STN_LAN 后备通道极端条件下的延时预估不足，原设置 15ms 复归检测时间裕量不够；考虑到 STN_LAN 后备通道心跳报文一次变位时间为 8ms，建议将复归检测时间由 15ms 修改为 20ms，可覆盖 STN_LAN 心跳报文两次变位时间，确保在 PCP B 系统复归前能检测到 STN_LAN 心跳故障，从而避免 PCP B 系统从值班状态复归。

处理措施：软件修改见图 5-13。

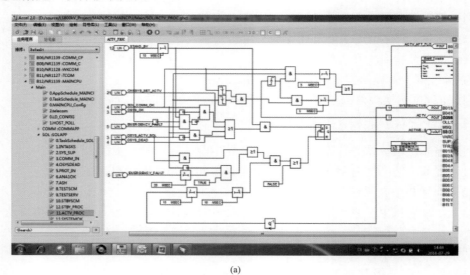

(a)

图 5-13　有效系统电源切换逻辑（一）

（a）PCP/MAINCPU/Main/SOL/ACTV_PROC.ghc 修改前

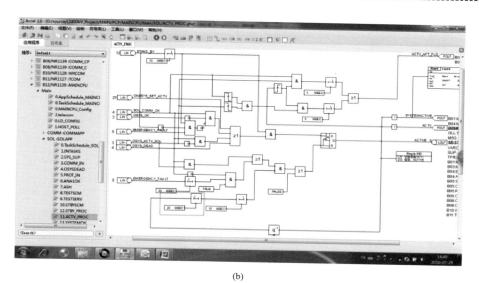

(b)

图 5-13　有效系统电源切换逻辑（二）

（b）PCP/MAINCPU/Main/SOL/ACTV_PROC.ghc 修改后

75. GRTS 开关转换定值低问题分析

问题描述： 极 I 单极大地回线运行，功率 4000MW，电流 5000A，送端站下令进行大地回线运行转为单极金属回线运行，试验成功。大约 5 分钟后，送端站下令极 II 由金属回线转为大地回线，0030（MRTB）开关自动合上，0040（GRTS）开关未自动断开，形成了金属回线和大地回线并联运行方式。

原因分析： 经查为软件中设定的 GRTS 开关拉开电流定值小于流过 GRTS 的电流，故 GRTS 没有拉开，形成了金属回线和大地回线并联运行方式。

处理措施： 经查证，在工程设计时，GRTS 拉开电流定值为 1416A，将软件中此定值修改后，重新下令进行金属回线方式转为大地回线方式试验，试验成功。

76. 备用系统指令通过值班系统出口

问题描述： 直流系统极控及换流器控制主机，备用系统（或退至试验状态）的极连接、极隔离、阀组投退、直流滤波器连接等相应顺控操作指令仍能出口。以 DCF 连接为例（其他命令类似），值班系统接收备用系统（FOSYS）的操作信号，备用系统信号通过值班系统出口。存在安全风险。且在信号复归时，由于两系统存在时间差，未能复归备用系统信号。

原因分析： 软件逻辑设置不完善。

处理措施： 修改软件，值班系统指令出口，备用系统跟随值班系统，不出口。

77. 并联融冰方式下直流线路故障无法重启动

问题描述： 并联融冰方式下，直流线路故障按金属回线运行的重启策略执行，但无法执行重启动。

原因分析： 由于融冰方式下，整流站控制直流电压，因此重启存在问题。

处理措施： 修改软件逻辑，并联融冰方式，不允许重启。一极线路故障联跳对极。

78. MRTB 与其并联隔离开关转换试验时并联隔刀无法打开

问题描述： 极 1 单极大地回线运行时，进行 MRTB（0300）与其并联隔离开关（05000）转换试验时，并联隔刀无法打开。

原因分析： 并联隔刀打开条件 LOW_IEL 为接地极电流与 50A 比较，小于 50A 允许打开。由于极 1 运行时 IDEL 为负值，该条件不起作用。

处理措施： 对 IDEL 取绝对值，确保极 1 和极 2 运行时均有限制条件。

79. 逆变站高端阀组接地故障时健全阀组无法执行自动重启

问题描述： 逆变站高端阀组接地故障，换流器差动动作正确，但整个故障过程中，极母差保护动作，双阀组闭锁并跳交流进线开关，健全阀组无法执行自动重启。

原因分析： 高端阀组差动动作，投旁通对，合 BPS，在发出 BPS 合闸指令时，极母差保护选择低端阀组出口 TA。由于故障点未清除，极母差保护动作。

处理措施： 通过将高端阀组换流器差动保护动作信号及交流进线开关分位信号相"与"，形成流器差动保护动作信号送至低端阀组，低端阀组依此信号执行闭锁。缩短高低端阀组闭锁时间差。软件修改软件后，健全阀组可自动重启。

80. 逆变站高端阀组接地故障时健全阀组无法执自动重启

问题描述： 逆变站高端阀组接地故障，换流器差动动作正确，但整个故障过程中，极母差保护动作，双阀组闭锁并跳交流进线开关，健全阀组无法执行自动重启。

原因分析： 高端阀组差动动作，投旁通对，合 BPS，在发出 BPS 合闸指令时，极母差保护选择低端阀组出口 TA。由于故障点未清除，极母差保护动作。

处理措施： 通过将高端阀组换流器差动保护动作信号及交流进线开关分位信号相"与"，形成流器差动保护动作信号送至低端阀组，低端阀组依此信号执行闭锁。缩短高低端阀组闭锁时间差。软件修改软件后，健全阀组可自动重启。

81. "无功控制用 CVT 断线"试验故障导致直流闭锁

问题描述： 整流站进行"无功控制用 CVT 断线"试验。该试验的目的为检查"在参与无功控制的交流侧 CVT 全部断线的情况下，控制系统能否正确处理"。试验前直流系统双极高端换流器功率控制方式运行，双极功率 520MW，交流滤波器投入 2 组。具体试验方法为：除保留正常投入的两组滤波器和一组观察用滤波器外，其他所有处于热备用的交流滤波器设置为锁定状态，不得合闸，之后依次在直流控制保护的直流站控测量接口屏（A、B 系统）处断开第一、二、三、四大组交流滤波器母线 CVT 二次接线，观察直流系统运行尤其是交流滤波器的投退情况。试验中当断开第四大组交流滤波器母线 CVT 至 B 系统（值班系统）的二次线后约 20s 时间内，处于"锁定"状态的 8 小组交流滤波器依次投入。在第七小组投入后、第八小组投入前，过电压保护动作跳闸，直流系统闭锁，送端换流站站用电切换至站外电源运行，未对系统造成其他影响。

原因分析：

（1）关于无功控制策略。控制保护系统中无功控制 CVT 断线后的处理策略具体为：无功控制采集 4 个大组交流滤波器母线电压，当 4 大组电压都正常时，选择第 4 大组母线电压作为无功控制的实测值，当第 4 大组母线电压不可用时，选择第 3 大组母线电压作为无功控制的实测值，依次类推，直至只剩 1 组母线电压。当 4 个大组滤波器电压全部不可用时，程序会锁存上一运行周期采集的交流滤波器母线电压作为无功控制的实测值，锁存的判据为实测母线电压降至 300kV（线电压有效值）以下。上述"锁存"策略主要考虑的是在直流站控测量屏至直流站控的 TDM 总线断线时，能够保持断线前的值作为控制输入，保持系统不发生扰动。实际试验中，当断开最后一大组 CVT 二次线时，回路电压下降呈现衰减过程，实际锁存的是衰减过程的数值（实际锁存的值为 306kV），该数值低于无功控制中 Umin 的"命令投入滤波器"的设置值（本工程为 500kV），Umin/Umax 控制在无功控制中属于第三优先级，在此情况下开始命令投入滤波器，由于"实测"电压值始终为锁定值不变，因此投入滤波器的命令一致存在。以上 CVT 断线试验在实验室联调阶段以同样方式进行过，但实验室联调的"电压"采自 RTDS 装置，断线后电压快速下降，不会锁存中间值，不容易发现问题。

（2）关于交流滤波器开关"锁定"失效。导致试验过程中连续投入交流滤波器的直接原因是处于热备用的交流滤波器"锁定"失效。控制保护中对断路器的控制设置了"连锁失能"位，当该位被设置为有效时，所有断路器的锁定、连锁等功能均失效，但 OWS 下发的锁定命令仍能返回锁定状态。调查发现，送端换流站直流控制保护 B 系统的"连锁失能"位设置为有效，由于现场使用该电脑调试单位较多，无法确认最后设置未复位责任单位。

处理措施：控制保护系统在四大组交流滤波器母线电压均不可用情况下的处理策略存在优化空间。现场实际试验中断开 CVT 二次线时，由于电压衰变过程的存在，"锁存"方法不能避免误投滤波器。经研究，认为在保持基本策略不变的前提下，将该策略调整为：当 4 个大组滤波器电压全部不可用时，将交流系统电压额定值作为无功控制的输入，避免变化的输入值导致滤波器投切从而保持系统稳定状态。上述修改在已经完成厂内试验并在现场实施。

第六章　GIS、交流断路器

第一节　原材料、组部件问题

1. GIS 盆式绝缘子放电

问题描述：××工程某 GIS 一间隔 A 相做雷电冲击试验时，出现两次截波现象，未通过雷电冲击试验。

原因分析：通过放电点查找确认为：DS11 动侧盆式绝缘子。经厂家车间技术组、检验处及高压组联合分析确认为杂质引起绝缘盆子沿面放电，决定对盆式绝缘子进行清理重新进行雷电冲击试验，见图 6-1。

处理措施：更换新盆式绝缘子，同时对相关导体进行了重新清理，更换后重新进行了雷电冲击试验，试验结果合格。

2. GIS 盆式绝缘子放电

问题描述：××工程 GIS 进行隔离开关 A B C 三相出厂耐压试验。在进行雷电冲击试验负极性时时其中 B 相发生放电。

原因分析：经解体检查发现绝缘盆子有放电痕迹，见图 6-2。

图 6-1　放电的盆式绝缘子　　　　　　图 6-2　放电的绝缘盆子

处理措施：再次更换了盆式绝缘子，重新进行雷电冲击、工频、局放试验，试验结果合格。

3. GIS 盆式绝缘子放电

问题描述：××工程 GIS 快速接地母线组合单元，雷电冲击试验-1615kV 放电；同日，一隔接组合单元，雷电冲击试验分闸+1404kV 放电；5 日后，断路器单元雷电冲击试验分闸-1628kV 放电。

原因分析：解体检查均为盆式绝缘子沿面放电，装配不洁净所致，见图6-3。

处理措施：更换新的盆式绝缘子后于10月3日重新试验合格。

4. GIS屏蔽罩对罐壁放电

问题描述：××工程GIS隔接组合单元，雷电冲击试验，合闸+1368kV放电。

原因分析：经解体检查为屏蔽罩对罐壁放电，内部清洁度、光洁度不够。

处理措施：打磨清理后重新试验合格。

5. GIS绝缘拉杆放电

问题描述：××工程GIS连续4个隔接组合单元，雷电冲击试验放电。

原因分析：经解体检查各单元均为绝缘拉杆放电，绝缘操作杆为进口件，见图6-4。

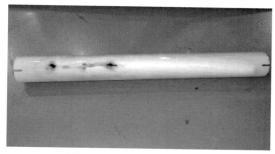

图6-3　放电的盆式绝缘子　　　　　　图6-4　放电的绝缘操作杆

处理措施：更换新的绝缘操作杆后重新试验均合格。

6. GIS断路器单元一次检漏不合格

问题描述：××工程GIS断路器单元，气密性试验不合格。

原因分析：经解体检查为断路器罐焊缝处漏气。

处理措施：更换罐体。

处理结果：重新进行SF_6检漏合格。

7. 罐式断路器套管法兰有沙眼

问题描述：××工程SF_6罐式断路器A相套管进行密封试验时出现泄漏，经检查发泄漏点是在套管的端部（顶侧）法兰处有一砂眼，解体后在法兰的平面有二处砂眼孔对应法兰外部砂眼泄漏点，见图6-5。

原因分析：经分析是套管法兰在铸造过程中存在质量缺陷。

处理措施：由套管厂重新提供一根套管。

8. 罐式断路器套管伞裙有开裂

问题描述：××工程SF_6罐式断路器B相套管进行终检时发现在套管伞裙第19组有一开裂点，长约18mm，从伞裙边一直到根部。

原因分析：经分析是由尖锐物勾破。是套管密封试验完后在车间运输中被尖锐物钩破开裂，见图6-6。

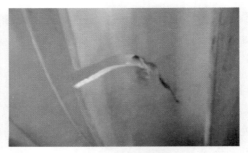

图 6-5　泄漏点　　　　　　　图 6-6　开裂的套管伞裙

处理措施：4 月 26 日，供应商联系复合外套生产厂前来进行修复处理，修理人员用高温硫化硅橡胶（HTV）原伞裙物料进行修复，修复后在一米处观看与原伞裙保持一致。

9. 罐式断路器导电杆放电

问题描述：××工程 SF$_6$ 罐式断路器 B 相进行雷电冲击试验时出现了一次截波。经检查发现在套管导电杆与断路器连接处的 130mm 位置有一放电点，没有出现爬电痕迹。

原因分析：经分析可能是导电杆上有尖锐点或是导电杆上有粘有导电异物点而造成放电，在放电时将导电杆上的尖锐点或是导电杆上的导电异物点熔化，所以在追加三次的雷电冲击试验过程中没有出现异常现象，见图 6-7。

处理措施：根据供应商试验工艺文件雷电冲击试验规程、试验结果判据，在某极性雷电冲击试验过程中，如发生一次破坏性放电，则追加三次该极性的试验，（施加电压总次数不超过 6 次），如不再发生破坏性放电，则试验完成，在完成全部冲击试验后需查找放电点，若导体对壳体放电，则处理放电点，试验通过，属于雷电冲击试验合格。重新对 B 相套管放电点进行抛光处理，员工用抛光机对放电点为中心进行大面积的抛光，抛光处理后放电点消失。

10. 罐式断路器盆式绝缘子沿面放电

问题描述：××工程 SF$_6$ 罐式断路器进行雷电冲击试验时放电击穿。解体检查发现，机构对侧盆式绝缘子沿面放电。

原因分析：经现场分析认为是由于"工装套管"装配后长期存放后积累一些灰尘，且不易清理，对接时又疏于仔细清理，对接完毕后灰尘散落于盆式绝缘子表面，因而发生了放电击穿现象。

图 6-7　导电杆上的放电位置　　　　　　图 6-8　沿面放电的绝缘子

处理措施：更换了盆式绝缘子。

处理结果：返修后出厂试验，试验结果：全部合格。

11. 罐式断路器液压操作机构多个渗油

问题描述：××工程 SF_6 罐式断路器操作机构漏油，见图6-9。

原因分析：对返厂液压元件（工作缸）进行测试和解体检查，查找故障原因。

工作缸与上螺母之间的静密封采用一道 O 形密封圈及挡圈密封，上螺母与活塞杆之间的动密封采用两道斯特封组合密封圈密封及一道防尘密封圈，见图6-10。

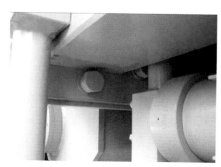

图6-9 C断路器相工作缸处漏油

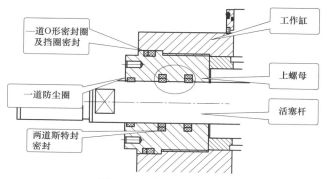

图6-10 上螺母处密封结构

渗油原因：从解体两相工作缸检查发现，均为上螺母斯特封处漏油，其他位置未见漏油现象。此处斯特封及上螺母均有一定程度的划伤，原因为装配时工装使用不当造成。划痕较轻微，静置状态下保压正常，操作时活塞杆运动容易带出液压油。

处理措施：针对现场出现问题处置措施，对渗油严重的工作缸进行更换。在发现有油液渗出时，观察油液颜色：若为黑色或者黄色黏稠状，是产品上润滑脂溢出，只需擦拭干净即可；若为鲜红色但量少无油滴滴落，则观察产品有无出现频繁打压情况，无频繁打压情况，不影响产品运行，只需擦拭干净即可；若出现频繁打压情况，需及时联系厂家处理。

第二节 制 造 工 艺 问 题

1. 隔离开关静触座内壁镀银层有斑点

问题描述：××工程550kV GIS 组合电器隔接组合单元在进行隔离开关组装时，发现静触座内壁镀银层有一块约35mm² 的斑点。

原因分析：经过分析造成斑点的原因是烘干前脱水时，工件上残留水滴形成的水渍造成的，虽然不会造成镀银层脱落，但影响外观质量。据统计每批次有斑点约占2%左右。

处理措施：采用布砂轮打磨再用清洗液擦洗，直到除去斑点为止。

2. 导电杆孔圆角打磨不够导致对罐壁雷电冲击试验放电

问题描述：××工程 GIS 母线单元进行出厂耐压试验，在雷电冲击试验时，负极性

2100kV 放电；经返修处理后再次进行出厂耐压试验，在雷电冲击试验时，负极性 2100kV 放电。

原因分析：经厂家车间技术组、质保部及监造人员联合解体检查发现第 1 次放电部位在导电杆右侧下方 ϕ 18mm 孔边缘对波纹管内壁放电；第 2 次放电部位及现象与第一次放电相似，放电位置为第一次放电发生的工艺孔对侧，在导电杆左上方 ϕ 18mm 孔边缘对波纹管内壁放电。ϕ 18mm 孔为导电杆上的工艺孔，工艺孔为对穿结构上下各一个。第一次耐压放电后恢复时，装配人员对放电部位的圆孔边缘进行了打磨处理，但此处工艺孔为对穿结构上下各一个，装配人员仅对放电的孔圆角进行了处理，工艺孔另一侧因耐压时无放电痕迹，对另一侧的工艺孔没有关注，没有仔细检查，导致再次耐压试验时对侧孔边缘对波纹管放电。第二次放电后严格按图纸对导电杆进行了检查，对不满足图纸要求的圆角进行了返修，满足图纸要求尺寸后恢复装配，通过了耐压试验。

处理措施：要求厂家对已经完成耐压试验的类似结构进行排查，经过排查发现有 3 件导体工艺孔棱角不够圆滑没有达到图纸要求，但比耐压放电的导电杆棱角处理的要好，且均通过了绝缘耐压试验，说明此处有一定的裕度，对排查发现的 3 件导体重新按图纸要求进行了返修。设计修改图纸，要求对 ϕ 18mm 工艺孔外圆圆周倒角按 R_3（共两处）返修，对生产件和库存件按此处理。

处理结果：对返修后的该母线单元再次进行雷电冲击、工频、局放试验，试验结果合格。

3. 导电杆有尖角毛刺导致母线单元雷电冲击负极性放电

问题描述：××工程 GIS 母线单元 4–95 在进行雷电冲击试验时，第一次雷电冲击时负极性 1857kV 闪络。

原因分析：监造人员和厂家共同对母线 4–95 筒体内部进行解体检查，发现筒体内部无异物残留，检查导电杆时发现距绝缘盆子约 2m 处有放电点，放电点上没有明显的黑色痕迹，且筒体内部内放电点附件表面质量较好，根据放电痕迹及放电现象判断，应该是车间装配人员在处理导电杆时未严格按照工艺执行，处理不到位，导电杆上有尖角毛刺引起放电。

处理措施：要求装配责任人现场查看放电现象并作原因分析，在质量早会上就放电现象及原因对班组装配人员进行通报，并要求班组内部做事例研究分析报告；要求装配人员在处理导电杆时严格按照工艺执行，导电杆处理完毕后，使用白绸布进行"挂布"检查；对装配责任人进行"四不放过"处理。

4. 导电杆残留硅脂导致母线单元雷电冲击正极性放电

问题描述：××工程 GIS 一母线单元进行雷电冲击试验时，第三次雷电冲击正极性 2071kV 闪络。

原因分析：检查母线单元内部未发现异物残留，检查导电杆时发现导电杆接头处正下方对波纹管法兰放电，导电杆上放电点较黑，波纹管法兰处放电点附近表面质量较好。根据放电痕迹及放电现象判断，应该是车间装配人员在处理导电杆时未处理到位，导致硅脂类残留在导电杆下端引起放电。

处理措施：清洁处理后重新试验合格。

5. 母线单元尾部盆式绝缘子粘附合成树脂导致雷电冲击试验放电

问题描述：××工程 GIS 母线 2–120 单元进行出厂耐压试验时，雷电冲击正极性 2031kV 放电。

原因分析：对母线单元进行解体检查，发现该单元尾部盆式绝缘子凹面对电连接放电，盆式绝缘子表面粘附有 TSK5403 合成树脂，根据放电痕迹及放电现象判断，盆式绝缘子表面粘附有 TSK5403 是导致本次放电的原因。

处理措施：更换放电的盆式绝缘子，对放电的电连接进行返修，对母线单元清查、返修。

处理结果：重新进行雷电冲击、工频、局部试验，试验结果合格。

6. 罐式断路器梅花触头打磨不到位导致雷电冲击及耐压放电

问题描述：××工程罐式断路器 B 相雷电冲击试验时，出现截波一次；工频耐压试验时，断路器断口加压至 960kV 维持 60s，无异常，断路器合闸对地加压到 960kV 维持至第 65s 时，电压出现降落。

原因分析：经查为 B 相与套管连接的梅花触头对大罐箱壁内中心导体对壳体放电。

处理措施：对 B 相梅花触头及壳体放电部位进行打磨、擦洗等处理。

处理结果：再次出厂试验通过。

7. 罐式断路器套管机芯打磨清理不到位导致雷电冲击放电

问题描述：××工程罐式断路器 C 相雷电冲击试验时，负极性第一次试验时，出现截波放电（–2118kV）。

原因分析：经查为 C 相左侧套管机芯处发现两处微小放电点。

处理措施：对 C 相放电部位进行打磨、擦洗等处理，后出厂试验通过。

处理结果：再次出厂试验通过。

8. 罐式断路器中心导体打磨处理不到位导致雷电冲击连续放电

问题描述：××工程罐式断路器 A 相、B 相，分别在正极性第一枪时和负极性第一枪时，出现截波一次（1407kV、–2072kV）。

原因分析：经查为操作机构侧套管距 TA50mm 处和 30mm 处，中心导体对套管放电。

处理措施：对放电部位进行打磨、擦洗等处理，后出厂试验通过。

处理结果：再次出厂试验通过。

9. 罐式断路器灭弧室外屏蔽罩及罐体打磨清洁不到位导致局放超标

问题描述：××工程罐式断路器 B 相工频耐压试验时，对两断口分别加压至 960kV 维持 60s，无异常，合闸对地加压至 960kV 维持至第 40s 时（试验方案要求为 60s，厂内要求为 90s），出现电压降落。

原因分析：经查为非机芯侧灭弧室外屏蔽罩对大罐放电。

处理措施：对放电部位进行打磨、擦洗等处理，后出厂试验通过。

处理结果：再次出厂试验通过。

10. 罐式断路器套管中心导体打磨不到位导致工频耐压放电

问题描述：××工程罐式断路器 A 相、B 相、C 相同时进行主回路工频耐压试验，对断口加压至 740kV 维持至第 55s 时，电压出现突然降落。

原因分析：经查为 B 相套管内中心导体对壳体放电。

处理措施：对 B 相套管内中心导体及壳体放电部位进行打磨、擦洗等处理，后出厂试验通过。

处理措施：再次进行出厂试验通过。

11. GIS 气室未处理干净导致绝缘件沿面放电

问题描述：××工程隔离开关雷电冲击试验，在先进行的负极性试验时，第一次截波，截波电压 2070kV，解体发现静侧盆子中心导体对外沿有明显放电痕迹，更换盆式绝缘子恢复后重新试验符合技术要求。在进行套管形态雷电冲击试验通过后的工频耐压试验时，电压升至 800kV 放电，试验变压器返零后，又升至试验要求值 960kV 保持 30s 再放电，解体后发现套管内屏蔽筒绝缘支持件有明显放电痕迹（每个套管共有 6 件支持件，放电为其中 1 件）。

原因分析：从两次放电的情况来看，雷电冲击试验截波及工频耐压试验放电时的电压值均已达到试验要求值，从解体后绝缘件闪络的情况来看均属程度较轻的沿面闪络，而非由于绝缘件存在内部缺陷造成的击穿，形成一个黑焦色的严重碳化的导电通道，认为造成上述绝缘件沿面放电的主要原因是零部件和气室洁净度未处理干净，导致绝缘件沿面绝缘强度下降发生闪络，一般情况下这种绝缘件经洁净处理后仍可继续使用，但制造厂为杜绝质量隐患，均直接更换绝缘件。

处理措施：更换故障绝缘件。

处理结果：重新进行绝缘试验，试验合格。

12. 瓷柱式断路器机械试验故障

问题描述：××工程瓷柱式断路器进行机械试验，在进行操作时间测量过程中，发现 A 相断口 A2 合闸曲线有连续断点。

原因分析：对 A 相灭弧室解体后，检查原因为灭弧室部件—触指座镀银表带装配松动导致接触不良。

处理措施：更换触指座表带。

处理结果：更换问题部件后，机械试验顺利完成。

第三节　试　验　问　题

1. 工装使用检查不到位

问题描述：××工程 GIS 断路器单元进行出厂耐压试验时，合闸对地 960kV/45s 放电。

原因分析：经解体检查发现耐压工装端部盆式绝缘子凸面从电连接根部沿面闪络，放电原因是耐压工装端部插装接地端子产生金属粉尘导致放电。

处理措施：原要求班组每使用 5 次打开点检，现将点检周期更改为每次使用均打开点检；对断路器班组人员进行插接接地装置培训；更换盆子并清洁端部筒体。

处理结果：再做工频 960kV/1min 试验通过。

2. 试品环境及试验均压环清理不到位

问题描述：××工程断路器 C 相局放试验时，背景局放在 2～5pC 左右，但加压至 150kV 左右时，局放在 110～130pC 左右，经过多次排查，局放无明显变化。

原因分析：经查为试品周围设备等及试验用的均压环清理不干净。

处理措施：对试品周围设备、均压环等可能造成局放干燥等进行清理。

处理结果：再次出厂试验通过。

3. 试验环境处理不到位

问题描述：××工程罐式断路器 B 相进行出厂耐压试验。进行 100%额定电压 2100kV 负极性试验时，当电压升到 1874kV 发生放电闪络。

原因分析：吊车与断路器套管之间的距离太近，当电压升高时造成套管与吊车之间发生放电闪络，见图 6-11。

图 6-11 断路器套管与吊车距离

处理措施：放电闪络原因查出后供应对问题及时进行纠正和处理，① 将吊车开离试验区域，保证试验安全距离，见图 6-12。② 移动断路器，加大断路器与试验工装套管之间的距离。

图 6-12 调整后吊车的位置

处理结果：再次做出厂耐压试验，试验结果符合要求。

4. 550kV 瓷柱式断路器机械试验故障

问题描述：××工程瓷柱式断路器进行机械试验时，A 相不能正常合闸，系测试工装疲劳使用；更换测试工装后 6 月 5 日重新机械试验，C 相操动机构储能不到位，送电时马达有较大异响。

原因分析：① A 相故障原因是测试工装疲劳使用；② 操动机构存在质量问题，操动机构的储能传动齿轮间隙卡入铁屑，随着机械测试齿轮运转，铁屑跑出将齿轮卡死，造成机构停摆。

处理措施：更换 A 相测试工装；更换 C 相操动机构。

处理结果：对断路器重新进行机械试验，试验通过。

第七章 调 相 机

第一节 原 材 料 问 题

1. 调相机转子槽绝缘尺寸不符合标准要求

问题描述：××工程调相机在转子嵌线处嵌 1 号线圈时，由于线圈偏硬导致线圈入槽时损坏槽绝缘，损伤处长度约为 35mm，裂纹处至槽绝缘底部尺寸约为 120mm；拔出线圈后发现线圈表面绝缘损坏，排间衬垫损坏，见图 7–1～图 7–4。

图 7–1 转子槽衬损伤

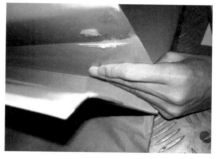

图 7–2 槽衬开裂

图 7–3 排间绝缘裂口

图 7–4 转子线圈侧边绝缘受损

原因分析：转子嵌线时发现，图纸要求槽绝缘宽度尺寸为 39.9+（0–0.2）mm，实际检测时发现有 21 根槽绝缘无法放入转子槽内，尺寸最大处约为 40.2mm。

处理措施：电机厂方已走 NCR 流程，要求供应商换货处理。

处理结果：转子嵌线已完成，并已提交问题澄清说明。

2. 调相机"上 6-3"定子线棒尺寸超差

问题描述： ××工程调相机"上 6-3"定子线棒尺寸超差。

处理措施： 按厂内自控流程，该线棒主绝缘报废。

处理结果： 已将主绝缘报废，重包绝缘模压成型，该问题已闭环。

3. 调相机：定子线圈成型错误

问题描述： ××工程调相机三根定子线圈（编号为下 7-2、下 7-3、下 7-4）因上下层预成型模用错，导致其成型错误。

处理措施： 定子线圈下 7-2、下 7-3、下 7-4 报废处理，重新制造三根下层线圈。

处理结果： 三根定子线圈已补做完成，该问题已闭环处理。

第二节 制造工艺问题

1. 润滑油系统净化装置运行漏油

问题描述： 润滑油净化装置进行厂内运行试验过程中发现其真空开关下方组合密封垫处有轻微渗油。

原因分析： 装置气密性试验结束后，制造厂对其进行拆卸后喷涂，部分垫圈反复装拆使其发生损坏，导致运行试验时渗油。

处理措施： 对发生渗油部位进行重新安装，并对装置重新进行气密性试验。

处理结果： 目前已处理完成，通过气密性试验。

2. 润滑油系统集装装置运行渗油

问题描述： 润滑油系统集装装置进行 34℃低温运行试验时，发现装置顶部部分法兰有轻微渗油现象。

原因分析： 在装置组装过程中部分螺栓未紧固。

处理措施： 对事故法兰进行了消缺处理后，增加装置 60℃高温运行试验，检查装置的密闭性。

处理结果： 装置在 60℃油温下经过连续运行 30min 后检查，表面未见明显渗油现象，满足密闭性要求。

第三节 试验问题

1. 定子直流耐压试验局部放电

问题描述： 定子第一次做直流耐压试验时，当电压加到 $3.5U_N$ 时，端部出现局部放电现象，15～60s 时的泄漏电流出现反升以及阶跃现象。

原因分析： 电机厂认为由于 300Mvar 调相机制造周期紧张，考虑到绝缘引水管安装后水压试验可能导致吹水时间过长影响直流耐压，故本台发电机定子嵌线结束后的"电气试验"中的"直流耐压试验"调整到序"装绝缘引水管"后、序"气密试验"前进行，耐压前后测量绝缘电阻和极化指数，耐压值不变。在进行耐压试验时，发现绕组加电压后，在 15s 至 60s 时间内，泄漏电流存在波动现象，且在 $3.5U_n$ 时，发生放电。调相机定子线棒鼻端为绝缘盒灌胶结构，由于直流耐压时绝缘盒尚未固定，并且绝缘盒自身也有毛刺等，所以在直流耐压试验时，隔相存在放电现象。

处理措施：将隔相绝缘盒使用环氧腻子固定，并将绝缘盒上用于灌胶的孔使用聚四氟乙烯粘带封住（绝缘盒使用腻子封堵是正常操作要求）。

处理结果：直流耐压试验顺利通过。从确保直流耐压通过采取的措施可以确认是隔相放电现象导致了直流泄漏偏大。调相机定子绕组度端部绝缘盒安装后灌注环氧胶粘剂，确保绝缘盒形成一个良好的整体，灌胶后不存在上述放电问题。

第八章 其他设备

第一节 设计问题

1. 电容器热稳定试验温度超标

问题描述：××工程直流滤波电容器 HP2/39 直流滤波器 C1，进行热稳定试验，在首个交流 24h 试验结束时测得试品温度达到 87.7℃，超过标准规定的 80℃上限。进行短路放电试验 $1.38U_n$，试验后测其电容量的变化量为 1.12μF，远大于一个元件被击穿的电容量 0.14μF；解剖后查看电容器元件，3 台短路放电试品电容器内熔丝烧断根数分别为 7、8、9，电容器元件未被击穿。

原因分析：电容器设计并联元件数较少，热容量偏小。

处理措施：调整高压塔 C1 电容器单元内部元件并联数，由原来的 7 串 13 并调整为现在的 7 串 15 并，单个元件电容量由原来的 0.14μF 调整为现在的 0.12μF，但整单元总电容量未变，额定电压未变。重新进行了 C1 的热稳定试验，试验结果为：交流：芯子温度 74.4℃，外壳温度 69.7℃；直流：芯子温度 73.9℃，外壳温度 69.0℃；满足技术协议及相关国家标准。重新进行短路放电试验，电容量变化未超过一个元件电容量的变化值，满足要求。

2. 电容器内熔丝隔离试验未通过

问题描述：××工程 HP12/24 直流滤波器 C1 电容器，进行热稳定试验、局部放电试验（直流）、短路放电试验、内熔丝隔离试验。试验结果（除内熔丝隔离下限试验外）满足技术协议及合同要求，但是试品熔丝隔离下限试验熔丝未动作。

原因分析：设计问题。

处理措施：电容器公司对此产品设计进行修改，对熔丝进行优化。优化后试品进行热稳定试验、短路放电试验和熔丝隔离试验，满足要求。

3. 阀厅接地开关操作试验未一次通过

问题描述：××工程阀厅接地开关，两次现场见证了阀厅接地开关 ZJN 口–816（HY）操作试验，第一次合闸操作未能顺利实施，样机在分合闸过程中出现导电杆颤动、转速不均匀现象，优化设计后，第二次虽顺利完成，但仍存在样机操作力矩较大，不能满足手动操作要求等问题。

原因分析： 设计问题。

处理措施： 第 1 次试验见证后，同设计院协商，解决操作杠杆下端螺纹防腐处理问题，锁紧螺母应采用热镀锌或不锈钢材料；阀厅接地开关合闸到位时的限位措施应由传动部分完成；加强均压环固定件的刚性。要求改进传动环节，确保导电杆转动均匀、连续。分合闸操作要在传动结构上增加机械限位装置，确保分合闸位置准确可靠。电动机构用二次元件要采用优质产品，确保直流工程长期可靠运行。阀厅环温高，传动部分涂覆润滑脂的部位需加防护罩，防止润滑脂融化滴落，影响环境。样机操作力矩较大，不能满足手动操作的要求，要求减小传动环节摩擦阻力，满足手动操作力矩小的要求。所有提供的技术文件要完整准确，现场指导安装人员要在厂内参与产品的装配与试验，保证现场安装调试工作顺利完成。第 2 次现场试验见证后其公司优化设计并完成设备图纸的绘制工作。

处理结果： 生产出更新设计后的样机，完成了第 3 次现场试验，试验结果符合要求。

第二节 原材料、组部件问题

1. 750kV 联络变自粘性换位导线局部存在漆瘤

问题描述： ××工程 750kV 联络变线圈绕制时，发现 A 柱高压线圈所使用的自粘性换位导线局部存在漆瘤。

原因分析： 电磁线存在质量问题。

处理措施： 就该问题反馈至导线厂家，按其要求对存在漆瘤处脱漆后使用丹尼松纸半叠包一层。

处理结果： 后续正常。

2. 直流场穿墙套管绝缘试验放电

问题描述： ××工程 800kV 穿墙套管试验在完成温升试验后（60℃环温下通过试验电流 5600A），在进行直流湿耐受绝缘试验 7～8min 时，发生了 3 次闪络。后在 2 月 24 日对第二支穿墙套管重新进行试验，在试验后检查套管外观时，与第一支套管发现放电穿孔的相同部位发现也有漏气孔。

原因分析： 经分析，套管制造公司确定故障为套管绝缘外套（由玻璃钢环氧或树脂材料做成）有质量问题，需要进行修复。

处理措施及结果：套管进行修复后在 4 月 14 日、15 日重新进行试验，试验全部通过。

3. EM 避雷器调试过程发生故障

问题描述： ××工程直流极 1 高端换流器金属回线运行进行大负荷试验，功率由 800MW 升至 1400MW 的上升期间，受端站金属回线接地保护动作闭锁直流，保护动作时直流输送功率约 1100MW。

现场检查发现金属回线连线中的一只避雷器（共 4 只）计数器掉落地面，见图 8-1。四只避雷器外观检查无异常。送端站事件列表显示：收到对站移相指令进行移相重启；以及收到对站保护要求闭锁直流的指令。后端站事件列表显示：送至送端站要求进行移相；

以及金属回线接地保护动作。

（1）设备检查（见图8-1）。

计数器掉落的避雷器

图8-1　计数器掉落的避雷器

（2）分析故障波形发现，波形见图 8-2，在故障发生前，直流功率由 800MW 升至 1400MW 过程中，送端站中性母线电压 U_{DN} 有约 330ms 的频繁震荡，330ms 后 U_{DN} 由正常的 20kV 降为 3kV，保护满足要求经过 200ms 延时后进行了一次重启动，重启成功后故障还存在，经过 450ms 后受端站金属回线接地保护动作闭锁直流。闭锁时直流输送功率约为 1100MW。

金属回线接地保护配置在双极保护区域内，仅在受端站起作用，其判据为 $I_{DEL}+I_{DGND}>I_{set}$，保护定值为 100A。正常运行时由于只有受端站一个接地点，故 I_{DEL} 和 I_{DGND} 均为 0，故障时由于送端站金属连线上的避雷器击穿导致接地，导致出现类似大地回线与金属回线并列运行的状态，使得逆变站 I_{DEL} 出现电流，当 I_{DEL} 电流大于保护定值时，金属回线接地保护动作。

（3）设备检查初步结论。发生中性线 EM 避雷器故障前一天（8月5日），在金属回线方式下，进行了单极直流线路接地短路试验，在试验过程中，送端站 EM 避雷器无法承受规定能量，造成内部损坏，需进一步的原因分析。

原因分析：

（1）金属回线方式，直流线路故障造成 EM 避雷器过电压分析。

受端站极线接地故障中性线最大电压达 380.8kV（振荡周期为 55ms）；送端站极线接地故障中性线最大电压达 388.25kV，由图可以看出，接地故障发生后，中性线暂态过电压第一个峰值附近避雷器已经损坏，中性线电压迅速降到 0 值附近。

（2）EM 避雷器能耗分析。根据厂家提供的操作冲击电流下最小残压 V—I 特性，见表 8-1，核算 EM 避雷器能耗。

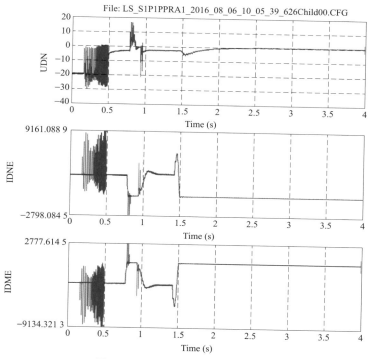

图 8-2 极 I 高端换流器闭锁波形

表 8-1   操作冲击电流下最小残压 V—I 特性

100A	373.2	670A	402.3
160A	377.1	1.0kA	405.9
200A	378.6	1.5kA	414.6
250A	380.4	1.75KA	417
310A	384.6	2.0kA	418.8
340A	387	2.5kA	423.9
500A	397.5	3.5kA	430.5
620A	400.8		

1）第一次直流线路故障（受端侧），EM 避雷器能耗计算结果，见表 8-2。

表 8-2   受端侧直流线路故障，EM 能耗计算

5.35	300	0	
6.35	355	0.1	0.035 5
7.35	360	0.1	0.036
8.35	370	0.1	0.037
9.35	364	0.1	0.037
10.35	369	0.1	0.036 9
11.35	367	0.1	0.036 9

续表

12.35	368	0.1	0.036 8
13.35	365	0.1	0.036 8
14.35	346	0.1	0.036 5
15.35	335	0.1	0.034 6
16.35	344	0.1	0.034 4
17.35	342	0.1	0.034 4
18.35	325	0.1	0.034 2
18.92	300	0	0
	合计		9.34

2）第二次直流线路故障（送端侧），EM 避雷器能耗计算结果，见表 8−3。

表 8−3　　　　　　　　　　受端侧直流线路故障，EM 能耗计算

29.85	300	0	
30.85	347	0.1	0.034 7
31.85	378	0.2	0.075 6
32.85	378	0.2	0.075 6
33.85	372	0.1	0.037 8
34.85	371	0.1	0.037 2
35.85	366	0.1	0.037 1
36.85	353	0.1	0.036 6
37.85	347	0.1	0.035 3
38.85	341	0.1	0.034 7
39.85	348	0.1	0.034 8
40.85	356	0.1	0.035 6
41.85	356	0.1	0.035 6
42.85	357	0.1	0.035 7
43.85	345	0.1	0.035 7
44.85	326	0.1	0.034 5
45.85	304	0	0
46.06	300	0	0
	合计		12.33

$$(9.34+12.33)\times1.1=23.837MJ$$

3）EM 避雷器设计值。EM 避雷器设计值/厂家承诺值 39.1/58MJ，远大于 23.837MJ。

从上述分析结果看，现场送、受端两次极线接地故障情况下，EM 避雷器承受的能量远小于设计值。避雷器故障原因可能为多柱并联情况下，电流分布不均匀造成某柱避雷器能量超标所致。建议选用压比较大、饱和区较陡的避雷器曲线，以降低不均匀性。

处理措施：结合两站现场检查及故障录波分析，确定本次闭锁的原因是由于送端站金属连线上配置的避雷器被击穿导致接地；从而使得直流在金属回线运行时出现金属大地接线方式并列运行的状态，受端站金属回线接地保护满足保护动作条件后动作闭锁了直流。导致送端站中性母线 EM 避雷器损坏的原因是避雷器承受的能量远小于设计值。

针对上述问题，对送端站被击穿的避雷器进行更换，更换后对更换的避雷器及并列的其他三只避雷器均进行测试，检查其特性是否满足运行要求。

同时要求两站对其他避雷器的计数器进行检查看是否动作过，并对一次设备包括变压器、换流阀等进行检查。

处理结果：对被击穿的避雷器进行了更换，同时对更换的避雷器及原有的三只避雷器均进行了加压测试，测试数据表明四只避雷器性能及特性满足运行要求，重新进行单换流器大负荷试验，设备运行正常。

第三节 制 造 工 艺 问 题

1. 330kV 站用变充油存放时密封圈破裂导致漏油的问题

问题描述：××工程 330kV 站用变本体热油循环后存放时突然出现漏油现象，初步认定为密封圈破损导致。

原因分析：密封圈安装不规范。

处理措施：对变压器本体排油后开箱盖检查确系密封圈破裂，车间安排更换密封圈，之后再重新进行注油处理。

处理结果：处理后符合要求。

2. 油浸式交流并抗器油漆表面有损伤

问题描述：××工程并联电抗器总装配时检查发现，下节油箱箱沿平面，有三处油漆表面有损伤。

原因分析：油箱在转运过程中相互磨蹭所致。

处理措施：破损处打磨补漆。

处理结果：油箱进行处理，处理后符合工艺要求。

3. 滤波电容器电容芯出线连接问题

问题描述：2015 年 6 月 3 日，送端站电容器生产时检查发现，预制的电容器芯体与出线桩头连接线，是用一块镀锡铜片包一段多股镀锡铜绞线，操作工用手工将铜片包在铜绞线上，再用小锤将铜片敲紧；铜绞线的另一端将与出线桩头连接线冷压接。

原因分析：冷压接是可靠的，但铜片用小锤敲不紧，敲了会变形，缝隙变大且不牢，电流大时易发热，建议采用冷压接并加焊填料，以保安全。

处理措施、结果：制造方同意改进工艺。

4. 直流电容器击穿问题

问题描述：直流电容器第三方检测过程中，当电压升至 41.2kV 时出现击穿（要求

50kV1min）。

原因分析：对故障产品进行解剖分析。通过解剖检查，发现一只套管引出线尾部对上盖有放电痕迹，引出线绝缘管严重烧伤。并发现电容器油位有所下降，这是由于击穿放电产生大量气体，使电容器箱壳鼓肚体积变大所致。经进一步检查，电容器外包封完好，无放电痕迹；产品芯子平整、完好，焊接牢固可靠；放电电阻及内熔丝完好，电容器元件无击穿。结合试验过程和解剖现象，原因分析如下：① 在做极对壳工频试验之前，产品已进行雷电冲击试验；② 产品在第一次加压试验时已经受了 50kV，30 余秒的耐压过程；③ 电容器组装过程中，在封盖前需要对引出线及绝缘管进行形状整理，电容器的绝缘管在弯折过程中受到损伤，且芯子连接片上翘没有被压下，使绝缘管距离盖子较近，致使绝缘水平受到影响。

处理措施：参考 IEC、国标及相关会议纪要等确定加倍抽样检测，重新抽取 6 台产品进行全部第三方检测项目的试验，9 月 8～9 日在第三方试验室完成了 6 台产品的全部试验项目。

处理结果：试验结果符合技术要求。

5. 800kV 穿墙套管例行试验闪络

问题描述：××工程 2 支 800kV 直流穿墙套管分别在交流耐压和雷电冲击时发生闪络。

原因分析：经检查发现闪络出现在屏蔽环上，经拆解检查发现，在屏蔽环内有颗粒物，是造成闪络的直接原因。

处理措施：屏蔽环经清理抛光检查，闪络未造成机械损伤，厂家认为屏蔽环无需更换。

处理结果：屏蔽环装配后穿墙套管重新进行例行试验，试验结果符合试验标准要求。

第四节 试 验 问 题

1. 500kV 站用变高压引线屏蔽管放电

问题描述：××工程 500kV 站用变进行 B 相短时感应试验，试验电压为 $1.1U_e$（349kV）时，局放为：A–30pC、a–50pC，试验电压为 $1.5U_e$（476kV）时，局放为：A–40pC、a–70pC，过程无明显起伏变化，当试验电压 680kV 时，高压端头均压罩有电晕滑闪（与 A 相短时感应试验态势相同），25s 左右，局放突增（满屏），同时伴随着内部放电声，电压跌落。随即速断电源，取油样进行化验。

原因分析：① 根据油色谱分析数据判定 B 相升高座内部放电；② 拆下升高座检查，发现引线屏蔽管对升高座内壁放电；③ 引线屏蔽管放电原因为外包绝缘（成型件）质量问题造成。

处理措施：B 相高压引线屏蔽管返常州英中重新进行绝缘处理。

处理结果：后续试验通过。

2. 交流滤波电容器出厂试验顺序与标准不一致

问题描述：××工程进行交流滤波电容器批量抽检及第三方检测过程中，厂家试验项目顺序按照试验工位进行，即：① 电容测量；② 局放测量；③ 极对壳耐压；④ 熔丝放电；⑤ 电阻测量；⑥ 介损测量的顺序。试验顺序与标准不一致。

原因分析：GB/T 20994—2007《直流系统用并联电容器及交流滤波电容器》第 2.2.1 例行试验中对试验顺序有要求，要求：i）局部放电试验应在 a）外观检测，e）端子与外壳间交流电压试验及 h）内部熔丝的放电试验之后进行。其他的电容器标准未对试验顺序作明确规定。

处理措施、结果：要求厂家按照标准要求调整试验顺序，调整后进行试验。

3. 交流滤波电抗器冲击试验波形不符合标准

问题描述：××工程现场抽检交流滤波器电抗器，抽检项目为雷电冲击试验。原抽检产品电感量为 5mH 小电感产品，受试验条件所限，冲击波形 T2 的值约为 7μs，与标准规定的标准波形 T2（50±20%μs）值有很大的差异，冲击波形不符合标准要求。

原因分析：工厂设备条件限制。

处理措施：更换为 50.2mH 大电感产品进行该项目抽检，抽检项目合格。

4. 交流滤波电抗器温升试验测量环境不符合要求

问题描述：××工程现场抽检交流滤波器电抗器，抽检项目为温升试验。发现存在问题：产品的测试环境不符合要求，如绕组直径 2.2m，应在支柱不小于 1.1m 高度且在无地网条件下进行损耗测量，而实际测量在 0.5m 高且有地网的条件下进行测量的，导致产品损耗测量结果不稳定，试验不合格。

原因分析：厂家试验条件不当。

处理措施：清理试品周围其他设备。

处理结果：重新测量损耗值，第二次试验结果合格。

5. 交流滤波电阻器型式试验问题

问题描述：××工程交流滤波电阻器型式试验过程发现如下问题：

1）冲击试验：由于本试品电阻较小（电阻值太大，实际试验现场电流施加不到要求值，为了进行温升试验，电阻器原内部电阻模块联接方式为 16 串，阻值为 67.5Ω，调整内部联接方式为 4 并 4 串，阻值为 4.2Ω，），雷电冲击波形（波前、波尾时间）进行了一上午的调试均不能满足标准要求。

2）温升试验：分 3 种情况试验（正常电流 255.4A1h、最大持续电流 364.84A1h、短时过载 490A10min），由于试验发电机出力原因及试验场地限制，3 种温升试验安排在了 2 个不同的试验场地进行（220kV 试验场、新能源试验场）。当日在 220kV 试验场进行正常电流及最大持续电流试验。由于厂家没有随试品把支柱绝缘子一同发到试验现场，且现场也没有合适的支柱绝缘子借用，故试验是在产品外包装底板上进行。正常电流下电阻片温度 285℃，最大持续电流下电阻片温度达到了 420℃。电阻器的试验标准对具体的试验结果温度没有明确的数值要求（电阻片理论耐受温度 1200℃以上，绝缘材料理论耐受温度

800℃以上），仅要求试验后检查电阻片的状况，应无龟裂和变形，颜色应无明显变化。经与制造厂及试验单位沟通，认为此种试验工况与产品实际运行工况不一致（实际运行工况为：产品用支柱绝缘子支撑，下底面通风，侧门关闭），应尽量模拟实际运行工况下进行试验，否则试验结果数据不具有参考意义。温升试验暂停进行，待厂家发货绝缘子后，重新试验。

处理措施及结果： 在第三方试验室，重新进行了温升试验。试品试验按照实际工况条件进行，电阻箱采用500mm高支撑绝缘子支撑，电阻箱侧门关闭，试验引线通过箱壁的穿墙套管孔引出。① 温升试验过程：短时过载温升：施加1008.4kW功率，10min，电阻片最热点582℃（环境温度22℃），试验完后开箱检查，电阻器无龟裂和变形，颜色无明显变化。结果符合设计要求。最大持续通流温升：施加559kW，1h，电阻片最热点409.5℃（环境温度23℃），试验完后开箱检查，电阻器无龟裂和变形，颜色无明显变化。结果符合设计要求。正常电流温升：施加273.9kW，1h，电阻片最热点280℃（环境温度21℃），试验完后开箱检查，电阻器无龟裂和变形，颜色无明显变化。结果符合设计要求。② 冲击试验：引出端1：加压引出端2：接地数据：电压：−120.3～122.1kV T1：1.24～1.32μs T2：47.7～49.5μs。引出端2：加压引出端1：接地数据：电压：−120.7～123.2kV T1：1.22～1.35μs T2：47.5～49.2μs。波形基本正常，波尾稍短。试验结果通过。

第二部分

大 件 运 输

第九章　复　龙　换　流　站

（一）案例描述

±800kV 复龙换流站是向家坝–上海±800kV 特高压直流输电工程的送端换流站，位于宜宾市宜宾县复龙镇，金沙江右岸。本项目 10 台进口换流变压器在上海港接货后需要经长江、金沙江等航段水运至打渔村大件码头，然后吊装上岸后采用公路运输至复龙换流站。

长江航段为我国的黄金水道，完全能够满足本项目大件运输要求，但金沙江宜宾至打渔村码头航段为六级航道，航道狭窄、水位浅、水流急、航道复杂，该航段成为制约本项目换流变压器安全、顺利运输的关键因素。经前期调研，该航段没有水运单台 300t 以上大型设备经历，航道状况除了通过文献了解，没有实际运输经验。为确保换流变压器安全、顺利运输，组织运输单位对金沙江航段进行了大件模拟运输，对航道状况有了充分了解，制定换流变运输过程中的应急预案，为实际运输提供有力保障。

（二）处理措施

本项目换流变压器运输参数大，最大单台重量达 368t，模拟运输为模拟一条船舶装载两台最大运输参数换流变压器的运输形式，模拟货物运输尺寸与换流变压器运输尺寸相同，重量为换流变压器的 1.2 倍。

1. 模拟试运输须满足的条件

（1）船舶的动力性能是否可满足金沙江航段水流情况——要求船舶装载两台变压器 1.2 倍重量的模拟货物后能顺利从长江进入金沙江到达打渔村大件码头。

（2）船舶吃水深度是否可满足长江、金沙江航段航道情况——要求船舶装载与两台变压器 1.2 倍重量模拟货物后（在 2～3 月水位较枯时），能顺利从长江进入金沙江到达打渔村大件码头而不发生搁浅情况，同时检测码头水深等靠泊要求。

（3）船舶的强度是否满足大型变压器特别集重的运输情况——要求船舶装载与两台变压器 1.2 倍模拟货物的单位受力不低于实际装载变压器的单位受力，而货舱甲板不会有断裂、变形等情况发生。

2. 模拟试运输计划安排（见表 9-1）

表 9-1　　　　　　　　　模 拟 运 输 计 划 安 排

施工阶段划分及主要工作内容			
序号	阶段划分	时间	主要完成的工作内容
1	第一阶段：运输准备	2月15～24日（10天）	（1）模拟货物的制作、吊装、加固。 （2）航标船、钯船、拖轮的准备工作
2	第二阶段：运输实施	2月25日（1天）	宜宾码头至打渔村大件码头航段的模拟试运输

模拟试航具体时间安排见表 9-2。

表 9-2　　　　　　　　　模拟试航具体时间安排

时　间	完 成 航 段
2月25日 8:30	宜宾桐子林码头启航
2月25日 11:30	到达打渔村大件码头
2月25日 12:00	到达小岸坝码头靠岸，模拟运输结束

3. 模拟货物的选定

运输参数最大换流变压器为 Y/Y 高端换流变压器，其运输参数见表 9-3。

表 9-3　　　　　　　　　Y/Y 高端换流变压器尺寸表

设 备 名 称	外形尺寸（mm）	重量（t）
YY 高端换流变压器本体	13 000×4400×4900	368

采用角钢等焊接两个框架，框架尺寸为（长 13m×宽 4.4m×高 3.0m），然后在每个框架内装载鹅卵石至 2.6m 高，2.6m 以上加装沙袋，使模拟货物最高点达到 5.0mm，见图 9-1。

（a）　　　　　　　　　　　　　　　　　　（b）

图 9-1　模拟物照片、航道水位测量

（a）模拟物；（b）航道水位测量

4. 模拟试运输线路

模拟试运输从宜宾桐子林码头（模拟货物制作地点）启航，参加模拟运输工作人员在此登船，水运至打渔村大件码头。船舶航行至打渔村码头后，继续向前航行 3km，至小岸坝码头靠岸，模拟运输结束。具体线路如下：

宜宾桐子林码头—（长江）—（金沙江）—打渔村大件码头—小岸坝码头，全程约 28km。

5. 模拟运输重要考察点

（1）沿途浅滩通过情况见表 9-4。

表 9-4 　　　　　　　　　　　　　沿途浅滩通过情况表

序号	浅滩名称	概　况	序号	浅滩名称	概　况
1	雪滩	浅湾急流	4	二郎滩	急流区域，河道顺直
2	碎米滩	急流滩，航道顺直，水流急	5	麻柳滩	弯曲航道
3	栈桥	急流区域，河道顺直			

（2）运输过程排障措施。

1）船舶在宜宾码头装载加固好以后，派出航标船，对宜宾金沙江航段进行查航，准确掌握航段的水域情况。若发现碍航情况，立即派钯船进行针对性疏浚，确保运输船舶安全进入金沙江。

2）租用拖轮，对水流较急的航段用拖轮拖带通过。

（三）实施措施的效果

通过本次模拟试运输，充分掌握了金沙江航段水文资料，对本项目大型设备在丰水期、枯水期运输提供可靠保证。明确了航道上浅滩位置及运输船舶的通过方法，确定了船舶在大件码头靠泊的路线和方式。本次模拟运输为复龙换流站换流变压器国内水路运输的安全性、准时性提供了确切的保障，也是特高压工程首次大型设备内河运输的有效模拟，为以后大型设备水路模拟运输积累了宝贵的经验。

（四）值得借鉴的经验及反思

（1）通过本次金沙江航段模拟试运输，为本项目大件设备内河运输提供可靠的水文资料，制定了详细的通过方案和应急措施，有效地解决了本项目安全运输的制约点。

（2）经过本次内河模拟运输的成功经验，在后续特高压工程建设的大件运输环节，将模拟运输延伸到公路模拟运输、铁路模拟运输等方面，为特高压工程大件设备运输提供安全保障。

第十章 锦屏换流站

（一）案例描述

±800kV 锦屏换流站位于四川凉山州西昌裕隆乡，本项目 30 台大件设备（换流变压器）由西昌南货场车板接货公路运输至换流站现场基础就位，运输实施于 2012 年 5 月开始至 2013 年 1 月结束，由中特物流有限公司负责承运，本项目运输的上游环节为铁路运输，由于铁路运输成昆线的协调和改造难度很大，造成了大件设备铁路运输工期的延期，致使大件设备到达换流站现场的时间推后，严重滞后于现场的安装施工进度，为了赶进度，上游环节的铁路运输采取了 6 台换流变压器一批次的集中大量发运模式，现场进度要求换流变压器到达西昌南后要立即换装转运，保持每天一台换流变压器进站的进度，导致西昌南至现场的转运压力陡增，如何组织策划成了是否能完成目标的关键。

（二）处理措施

面对换流变压器集中到货和赶进度的情况，中特物流有限公司采取了一系列有效的措施来确保目标的完成，主要有以下几点：

1. 增加施工人员及机械，合理配置安排

（1）制定周密运输计划。为了确保 2012 年 6 月 30 日低端双极投运，第一批和第二批集中到达 12 台设备，每批次 6 台，分别为 2012 年 5 月 25 日到达第一批，2012 年 6 月 8 日到达第二批，因大件到货集中，运输工期非常紧，针对该项目变压器运输时间短、任务重、自然条件困难的特殊情况，采取 2 组 2 纵列 15 轴线进行运输，并特制订了变压器运输计划，计划见表 10-1。

表 10-1 　　　　　　　　　　变 压 器 运 输 计 划

	作业时间及作业内容	使用机具设备	备注
第 1 天	第 1 台变压器装车、捆扎加固	人工液压推移	
第 2 天	第 1 台变压器早上 8:00 开始公路运输，下午进站，到站后立即开始实施卸车就位	3 纵列平板车，2 台牵引车	变压器推移出车板后，车辆立即返回西昌南货场
	第 2 台变压器早上 8:00 开始装另一个液压平板车	人工液压推移	
第 3 天	第 2 台变压器早上 8:00 开始公路运输，下午进站，到站后立即开始实施卸车就位	3 纵列平板车，3 台牵引车	变压器推移出车板后，车辆立即返回西昌南货场
	第 2 台变压器早上 8:00 开始装另一个液压平板车	人工液压推移	
后继变压器运输以此类推			

（2）施工人员及机械的配置。为确保变压器能够安全快捷及时的运送至换流站施工现场，运输单位对西昌南接货及现场公路运输段的施工人员组织及机具调配等工作做了重点布置和安排，确保各个环节高效运转，最大限度地缩短各项施工时间。

总施工人数 60 人，分 5 组（卸火车 2 组、运输 1 组、装汽车平板车 1 组、卸车就位 1 组），项目总负责人由项目经理负责，2 纵列 15 轴线平板车 2 组，奔驰主牵引车 2 辆和雷诺辅助牵引车 1 辆；

5～6 月西昌处于雨季，下雨天气道路湿滑，配备 1 台 8×8 奔驰牵引车作为主牵引，另一台 8×8 奔驰牵引车和 1 台 6×4 雷诺型重型牵引车作为辅助牵引力量备用，并为此制定了专门的技术方案。

（3）加强施工机械检查，确保性能良好。为保证机具设备安全有效，定期对投入本项目的机具设备进行检查，另外对运输的牵引车、液压平板车、卸车就位工具易损件配备足够的备品备件，项目负责人督查落实。

2. 运输平板车优化改造

结合本次运输道路的复杂，运输特意对运输的平板车进行了改造，将平板车的操作控制系统放置在平板车组货台平面上，很好地解决了拐弯和涉水的通过性。具体如下：

（1）下穿大件道路下大雨后积水水比较的深，车板优化后，运输车组能顺利通过水深 0.5m 的积水，不改之前会淹没操作控制系统的发动机，从而缩短了运输时间。

（2）进站道路裕隆村除九十度大拐弯因受民房限制，弯道已经最大极限的扩宽，扩宽后转弯半径刚刚能满足优化前平板车组通过，而且要非常精确，还要来回挪动几次，优化后，车组的转弯半径减少，实际运输中此弯道能顺利通过。

平板车组的优化既提高了车组的运行性能，也大大缩短了运输时间。

3. 做好运输线路保畅措施

（1）运输前召开保畅协调会，制定保畅方案。在第一台换流变压器就地段公路运输前，要求运输单位与西昌市交警、路政、铁路部门以及沿途经过的个乡镇主要负责人召开了保畅协调会，并制定了详细的保畅方案。

本次运输项目所经的 S307 为主要的交通要道，车流非常大，X13 为 6m 宽的乡村道路，路窄弯多，给项目运输护送造成很大的难度，为确保运输顺利，与交警、路政进行了详细的研究，制定了切实可行的护送方案，并邀请途经乡政府协调，运输前出示交通管制通告，提前对道路清障，公交车停运等措施。

空车板回送选择在深夜进行，由交警开道护送，为了避免晚上道路停放社会车辆，我项目人员提前进行调研排查，索取了可能停放车辆人员的电话号码，并加大对民众的宣传，确保晚上不因为临时障碍影响空车板的返回而影响后续运输。

（2）提前排除运输线路上的临时障碍。5～6 月份正值当地的雨季以及洋葱收获季节，为确保设备运输顺畅，注意下雨或临时堆放物对运输的影响成为了关键，为保证设备能顺利运输，中特物流做了详细的预防措施。

运输道路中的泸黄高速下穿道路比原来的路面低了接近 2m，由于外围的排水系统不能进行自然排水，在下大雨之后会出现深达 1.5m 的积水，为了确保运输车组能及时安全通过，运输组随时关注天气变化，如有积水派专职小组及时进行抽干作业，同时，下穿道路作为大件运输专用道路平时不运输的时候进行封闭不通行处理，运输时才开放，确保专路专用，避免意外的堵塞影响运输，见图 10–1。

图 10–1　不运输时大件通道封闭

运输线路途经经久、佑君、高草和裕隆四个乡镇，时值洋葱收获季节，在运输道路两旁摆放了大量待运洋葱，有些占用的道路较多，存在影响公路运输通行的可能性。另外，进站道路途径长村村，道路有效路面较窄，沿途居民修房子时很多材料摆到了进站道路上，运输前这些临时障碍需及时清理，与州路政支队组成排障小组在运输前一天对运输线路进行排查，对摆放在道路上的临时障碍进行清除，并由所属的乡镇府工作人员配合，对沿途民众进行宣传，确保没有临时障碍阻碍运输车组通行。

（三）实施措施的效果

在当地交警、路政以及途经所属乡政府的大力支持下，通过精心组织，成立了专门临时紧急指挥部，组织精干力量，重点突击，施工人员分组分组同时作业，配备足够的运输工机具，实现了卸火车装平板车、公路运输、站内卸车和空车板回送一天完成，并实现一天一台进站目标很好地完成了 5、6 月份大件设备集中到到达西昌南后公路运输至换流站的运输任务，确保了 6 月 30 日实现低端双极投运目标的实现。

（四）值得借鉴的经验及反思

（1）鉴于本工程实施时，由于后期工程需要，必须实施换流变集中发运，其中，对各方的协调以及公司内部协调管理，人员、机具频繁调遣，为以后类似工程的实施积累了丰富经验。

（2）西昌地区属于彝族聚居区，在工程正式实施前，对少数民族风俗习惯进行了深入了解，与少数民族地区人民进行了良好的沟通合作，为以后在少数民族地区进行大件运输作业提供了宝贵借鉴。

（3）工程运输线路需经过泸黄高速立交桥，该立交桥净空高度较低，不满足大件运输要求。协调公路局、道路设计及施工单位对运输道路进行下挖，并修建两侧护栏、排水沟等，圆满解决了大件运输通行，道路排水及防护等问题。为以后工程的道路下挖积累了宝贵经验。

第十一章　哈密换流站

（一）案例描述

±800kV 哈密换流站位于新疆哈密，本项目大件设备（换流变压器）运输于 2013 年 3 月开始至 2014 年 4 月份结束，由中特物流有限公司负责承运，在大件设备运输过程中遇到了不少困难，特别是在换流变压器集中到货期间，其中主要的有以下几点：

1. 换流变压器铁路运输集中到货

由于换流变压器的生产排期和铁路运输车辆的运输计划等原因，哈密换流站的大件设备在 2013 年 9 月到 12 月份期间形成了集中到达哈密货场的局面，分别是 9 月份到变压器 7 台、11 月份到变压器 5 台和 12 月份到变压器 7 台，时值严寒，增加了施工作业的难度。为了确保哈密换流站的建设进展要求，大件设备到达铁路货场后必须及时组织运输至换流站现场。

2. 铁路货场卸车条件不满足要求

2013 年 10 月前低端换流变的铁路运输车辆为 D26B 和 DK29，货三线能满足卸火车装公路平板的要求，后期高端换流变的铁路运输车辆为 DK36A，由于 DK36A 车辆的自身技术原因，车辆的自我提升量不能消除承载大梁的回弹量，须在轨道旁对变压器进行顶升作业，由于货三线轨道旁的地面松软，承载能力很低，不能满足铁路换装要求，但由于换流变压器到货集中，换流站建设进入关键期，要求换流变压器达到后需立即运输至现场进行安装，必须要对货三线进行整改，确保具备两个卸车点，能同时 2 台换流变压器进行公铁换装的条件。

3. DK36A 车型拆解及拼合不熟练

由于 DK36A 与中特物流的 DK36 在结构上还是有区别，此次是中特物流第一次接触 DK36A 的拆解与拼合，由于铁路车辆提供单位没有具体的车型拆解和拼装指导书，同时由于车辆保养不到位部分构件、螺杆有锈死或轻微变形等现象，给铁路车辆的拆解和拼合造成了比较大的麻烦，大大增加了卸铁路车装公路车的难度和作业周期。

4. 严冬作业困难

在换流变压器到达高峰期间正值严寒的冬季，特别是夜间作业的时候最低温度达到了 -20 多度，对施工人员和施工机械都是一个严峻的考验，在确保施工进度的同时必须确保人员和机械的安全。

（二）处理措施

由于换流站工期的需要，换流变压器到达铁路货场后必须要安全、及时的运输至换流站现场，在铁路货场换流变压器是否能快速换装成是关键，因此必须要克服上述问题，达到换流变压器公铁快速换装，具体解决措施办法如下：

1. 由于换流变压器 9～12 月份集中到货，形成了运输时间短、任务重、自然条件困难的特殊情况，我公司为保证各运输段安全、高效的进行，力争实现目标，针对的采取了相应的措施

（1）增加施工作业人员和运输机械。换流变压器集中到货时为确保变压器能够安全快捷及时地运送至换流站施工现场，我公司要求中特物流对接货及现场公路运输段的施工人员组织及机具调配等工作做了重点布置和安排，确保各个环节高效运转，最大限度地缩短各项施工时间。

增加施工人员至 48 人，首先 28 人分两组同时卸两个铁路车，当变压器推出铁路车后调整人员，第二台铁路组人员参加公路平板装车，另一组 14 人继续对一台铁路车合车；安排 24 人分两组对两台换流变进行公路平板装车，晚上 22 人分两组进行两台换流变的公路运输，第二天早上 8、9 点到达换流站现场后安排另一批 12 人现场进行卸车就位。第二天 14 人对第三台铁路车进行卸车，把变压器推移出来，然后负责第二、第三个铁路车合车，变压器按计划装车晚上继续运输及现场卸车，实现三班倒，人员合理轮休，24 小时不间断作业。

（2）精心组织、积极协调，制定详细可行的运输计划。由于工期非常紧，运输计划均按小时进度控制，同时衔接单位非常多，为了确保做到无缝连接，我公司积极与铁路货场、铁路运输单位、地方交通部门以及现场业主监理沟通，确保变压器能及时到火车站卸车点，能及时地进行公铁换装，能及时地进行公路运输，能及时地按照站内的要求进行卸车，整个过程中每个环节都非常重要，不能出任何的差错，每个环节均安排专人负责。

根据换流变压器的到达情况，结合施工人员和车辆的配置，合理安排计划，表 11-1 为当时实际施工的计划表。

表 11-1　　　　　　　　　3 台换流变铁路专列换装工作计划表

序号	工 作 内 容	计划时间	工作日	备注
第一、二台 铁路换装	顶升变压器和安装顶推装置等准备工作	10:00～13:00	第一天	
	拆除铁路车拉杆以及卸车侧大梁	13:00～17:00		
	推移变压器出铁路车	17:00～19:00		
	装公路平板车及捆绑加固	19:00～24:00		
	第一台铁路合车	18:00～24:00		
	两台公路运输	2:00～8:00	第二天	
	极 1 换流变卸车就位	8:00～13:00		
	极 2 换流变卸车就位	9:00～15:00		

续表

序号	工作内容	计划时间	工作日	备注
第三台铁路换装	第三台铁路卸车，变压器推移出铁路车	10:00～20:00	第二天	
	空车返回	19:00～22:00		
	装公路平板车及捆绑加固	22:00～第三天凌晨2:00		
	第三台公路运输	2:00～8:00	第三天	
第二、三台铁路合车	极2换流变卸车就位	9:00～14:00		
	第二台铁路合车	10:00～22:00		
	第三台铁路车合车	10:00～22:00	第四天	

2. 新建铁路货场卸点

由于 DK36A 落下孔车的自身技术性能限制，在没有对哈密货场货三线整改前只能在货二线的一小段导轨能卸一台 DK36A，而且还需要对卸车位置进行厚钢板铺垫，工序比较复杂，换装时间增倍，严重影响运输周期。为了满足多点卸车要求，经与货场积极沟通协商，对货三线进行改造增加了两个卸车点，确保满足变压器同时到站能同时作业的要求。

加固方式：两个卸车位置，共八个点，在预订的卸车点下挖出一个长 8m、宽 2m、深 1m 的浇注点，然后将绑扎好的铁笼放置到浇注点内，采用高标号混凝土浇注。浇注后卸车点的承载能力能满足设备的卸车要求，见图 11-1～图 11-3。

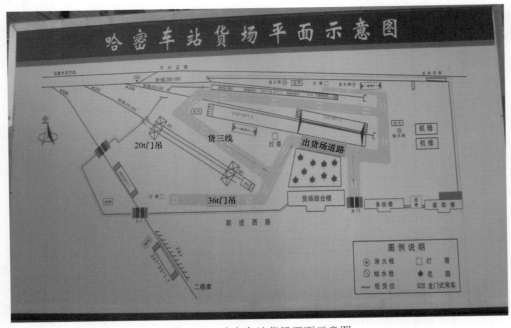

图 11-1 哈密车站货场平面示意图

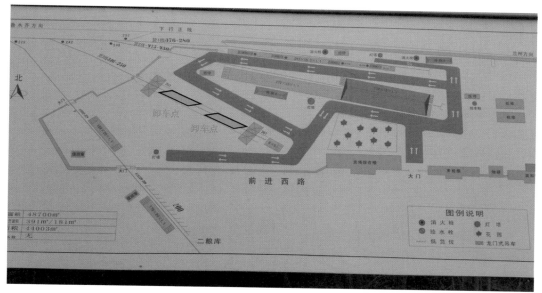

图 11-2　卸车点加固位置示意图

图 11-3　卸车点的实际位置照片

3. 优化 DK36A 的作业程序

由于中特物流是第一次接触 DK36A 车型，卸车方法与其自备的 DK36 有所不同，造成拆解和合车中出现很多不可预见的麻烦，后来与铁路车所属单位沟通，让中铁特货公司每次卸车安排专业的技术人员进行全程指导，同时编制详细的卸车方案，施工人员进行学习优化，解决了车型不熟造成的施工流程不畅问题，给后面的顺利卸车提供了强有力支持。

4. 冬季施工措施

进入10月份，新疆哈密地区进入了冬季，为避免冬季冰雪天气对大件运输的影响，我公司针对性的对施工人员及运输机械做好了详细的预防措施，确保冬季运输能安全顺利。

（1）车辆机具安全性保障。为保证机具设备安全有效，定期对投入本项目的机具设备进行检查，另外对运输的牵引车、液压平板车、卸车就位工具易损件配备足够的备品备件，项目负责人督查落实。

（2）冬天运输技术措施及安全保障。

1）防冻方面：① 对施工机械、车辆添加优质防冻液，保证冬季安全使用、安全行车。定期对施工机械、车辆进行检查、维护保养，确保冬季能正常运行。② 当地冬季风雪较大，给现场施工作业人员发放御寒的棉衣、棉安全帽及保暖手套，同时，上运输时户外人员实行轮换制，防止施工作业人员冻伤。

2）防滑方面：① 当遇到雪天或降霜天气作业时，施工人员需对铁路车承载梁和车架上的或公路平板上的积雪、冰霜进行清扫完成或等积雪、冰霜融化后方可作业。② 项目部要为施工作业人员发放冬季防滑鞋，确保高空作业人员行走安全。③ 冬季防止施工场地、运输道路有积水和结冰，造成安全隐患。④ 制定科学的冬季道路运输安全教育方案，抓好冰、雪、雾等恶劣天气条件下的安全行车工作，严禁酒后开车、疲劳驾驶、争道抢行、超限超载等违法违规行为。⑤ 为保障施工进度，防止冬天雨雪天气大型牵引车上坡打滑，配备了2台大功率牵引车，并为此制定了专门的技术方案。

（三）实施措施的效果

（1）经过卸车点的加固改造后增加量了卸车点，满足了同时2台换流变压公铁换装的条件和要求。

（2）通过施工人员和施工机械的增加，具备了两台换流变压器同时换装、运输的要求。

（3）通过运输计划的细化、冬季施工防护措施的实施以及换装施工工艺的改进，缩短了换装的施工周期，确保了施工进度。

（4）最终达到了快速换装的效果，在实际中也实现了一天一台或一天两台换流变压器运输现换流站到场目标。

（四）值得借鉴的经验及反思

（1）掌握了DK36A的使用性能，同时结合现场施工场地条件，在货场不满足卸铁路车的情况下制定了切实可行的整改方案，很好地解决了公铁换装问题，保障了施工的顺利进行，为以后同类项目积累了经验。

（2）冬季施工前的机具保养，施工过程中的安全防护措施是保证本项目在冬季实施的重点措施，亦是保证本项目按时交货的有力保障。

（3）精心组织通力协作，变压器生产厂家、一程运输单位、二程运输单位、安装单位及工程监理及时沟通，是保证各个环节顺利开展的有力措施。

第十二章　郑州换流站

（一）案例描述

郑州换流站换流变压器设备在邵岗集火车站铁路货场接货后转载至公路运输车辆上，然后经公路运输至郑州换流站施工现场，并卸车就位。

在货场至换流站之间的运输路线中，必经一段长约 1.9km 的乡村道路。该段路路面宽度窄，最窄处仅 5m，有 90°转弯 2 处，一处为出货道路弯道，另外一处为出货道路转仓狼路，2 处弯道转弯半径均不能满足通行要求，且排障物多，排障工作量和难度较大。

根据最初的通行方案，车组通行该路段时实施临时交通管制，单车通行，据估算管制时间约为 2h，但该段道路是周边居民进入的必经之路，人流量车流量均较大，长时间交通管制给当地居民的正常出行带来很大的不便。

最初排障方案见图 12-1～图 12-2。

图 12-1　弯道 1 排障工作量图

排障量总计：移除树木 25 棵，电力线杆 4 根，简陋民房 1 处，围墙 30m，并对弯道内的区域进行硬化处理。

排障难度最大的为弯道 2，该弯道内存在民房 1 处，以及总长约 30m 的围墙，其改造，势必会造成较大的赔偿费用；另外该弯道内存在电力线杆 4 根，其中一根为 380V 转角线杆，且杆中部带一小型变压器，一根为 220V 线杆，另外两根为辅助线杆。另外此处电力线杆上附带有多条通信线缆，与电力线路在此形成纵横交叉点，需与多个部门进行协调，协调难度较大。

图 12-2　弯道 2 排障工作量图

（二）处理措施

为有效降低协调难度，减少排障工作量，节约改造费用，在确保安全可行的前提下，通过对弯道进行多次现场勘查、分析，采用如下改造措施：

（1）弯道 1。该处弯道为丁字路口，为降低整体排障量，结合整体路段状况，该处弯道采取先右转向东行驶，转过弯道后倒车向西行驶的方式通过，见图 12-3～图 12-4。

图 12-3　弯道 1 改造处理措施图—行车路线规划

图 12-4 弯道 1 改造处理措施图—改造内容

改造内容：需移除位于出货场道路上的 3 棵树木并将弯道内侧经行区域进行填平并夯实。与之前方案比较，减少了 6 棵树木，降低了排障工作量，见图 12-5。

图 12-5 车组通行弯道 1 实例图

（2）弯道 2。车辆倒车行至该处丁字弯道后，向西南侧倒车，待牵引车驶出弯道时，牵引向北侧行驶通过该处弯道，具体改造量见图 12-6～图 12-7。

图 12-6   弯道 2 改造处理措施图—行车路线规划

图 12-7   弯道 2 改造处理措施图—改造内容

改造内容：需移除位于仓狼公路上的 3 棵树木并将相关区域的线缆进行升高。与之前
方案比较，减少了 13 棵树木，且无需对电力线杆、民房、围墙进行拆除，大大降低了排
障工作量，见图 12-8～图 12-9。

图 12-8　车组通行弯道 2 实例图

图 12-9　车组通行弯道 2 实例图

（三）实施措施的效果

通过排障方案的优化，大大减少了排障工作量，缩短了排障工期，同时有效提高了车组通行该路段的效率，明显降低了对当地交通的干扰性。

（四）值得借鉴的经验及反思

通过对 2 处弯道的前后 2 次排障方案的设计和优化，认识到：

（1）对于道路排障，一定要对现场进行充分勘察，并详细记录。

（2）初步设计排障方案时，尽可能的列举 2 种或更多的方案，然后进行分析、比较，优选出一种安全性高、排障量少、经济性强，同时对交通的影响性低的方案。

第十三章 灵州换流站

（一）案例描述

2016 年 7 月，灵州±800kV 换流站的极二广场 Yy 高端换流变压器 C 相，由于在调试期间发现存在故障，无法正常运行。为保证灵绍工程按期开始双极带电调试，决定将故障变压器与备用换流变进行整体更换，见图 13-1。

图 13-1　灵州换流站换相照片

灵州换流站 Yy 高端换流变压器全重超过 650t，且临近带电调试，整体更换工作时间紧、难度大、任务重，主要难点是搬运小车及其轨道没有承受过如此重量的设备，主要体现在以下几个方面：

1. 搬运小车

灵州换流站共有两套搬运小车，分别用于高端换流变和低端换流变搬运。搬运小车是换流变在站内搬运的主要设备，换流站建设阶段，每套小车使用次数达 27 次。搬运小车经过频繁使用，车况和性能有所下降。

在搬运小车的设计时，每组轮组有一定的偏转量，以便更好地适用于轨道。每次使用前，提前将四个轮组校正后承载设备。搬运小车装载换流变牵引就位过程中，小车轮组受到轨道等外部因素的影响会产生一定的偏转现象，造成前后两组轮组不再平行，并与轨道产生一定的角度，并且在轨道槽内左右摇摆，造成换流变搬运过程中存在一定的晃动量，同时由于小车轮组与轨道剧烈摩擦造成车组出现多处损伤，见图 13-2。

图 13-2　搬运小车出现损伤

2. 搬运轨道

（1）换流变利用小车整体搬运施工中，部分路段搬运轨道发生下沉现象，最大下沉量超过 3cm，可能存在的原因有：设计承重设计时没有考虑到换流变整体更换，轨道实际承载力不足；轨道基础和股道安装施工工艺达不到设计要求，见图 13-3。

图 13-3　轨道出现下沉

（2）换流变利用小车整体搬运施工中，发生了搬运小车轮组切、压轨道外侧水泥地面现象。

原因：轨道设计时，未能充分考虑搬运小车轮组的偏转量，预留量不足；轨道施工中误差超出设计要求范围；搬运小车经过频繁使用后，轮组的偏转量加大。

（3）在每个轨道交叉处，轨道都有断口。搬运小车通过前，需用不同厚度的钢垫块进行垫平过渡。实际操作中，断口的垫块很难做到无缝过渡。在重载小车通过断口时，轮组总会产生一个轻微的震动。

原因：钢垫块与断口地面无法做到完全贴合，总会有一定的缝隙，重载小车通过时，使其有一定的下沉，从而导致了震动。

（二）处理措施

（1）使用前，相关单位或部门对搬运小车进行维护保养，使用时再次经施工单位检查确认。

（2）每次利用搬运小车承重前，校正轮组，确保其全部轮组与轨道平行。

（3）牵引过程中，安排专人加强对搬运小车的安全监护，如发现小车轮组与轨道或轨道外侧路面出现间隙，应及时反馈，并采取有效纠正措施方可继续牵引。

（4）当搬运小车轮组声音较大或设备整体晃动量稍大时，采用千斤顶支顶，使设备与小车脱离，校正轮组使之与轨道平直。

（5）当搬运小车轮组与轨道中间水泥距离较近，发生切割水泥角钢护边时，采用千斤顶支顶，使设备与小车脱离，调整小车位置，校正轮组。

（6）通过轨道断口时，控制牵引速度，以降低其震动。

（三）实施措施的效果

经采取有效措施，确保安全地完成了设备更换施工，但在牵引过程中，只能采用支顶的方法调整搬运小车及其轮组位置，从而增加了施工工作量，导致施工进度较慢，时效性较差，即不能以最快的速度完成故障相的更换作业，见图13-4。

图13-4 换相就位完成

（四）值得借鉴的经验及反思

通过本次施工，发现了一些施工中存在的安全隐患，以及一些现有设备的缺陷。关于改进搬运小车的建议：

（1）将轮组改为固定式轮组，以避免在牵引中发生轮组不平行而影响效率，并降低安全风险。

（2）搬运小车平台与轮组之间增加减震设施，以有效降低设备在牵引中的震动，以达到更好地保护设备的效果。

（3）改进搬运小车车轮直径，使用更大直径的车轮，增加其与轨道的接触面积，使其更加平稳。

（4）改进广场轨道施工工艺，严格按照图纸精确施工。

第十四章 湘潭换流站

（一）案例描述

±800kV 酒泉—湖南特高压直流工程受端湘潭换流站站址位于湘潭市湘潭县射埠镇。大件设备运输参数为：

高端换流变压器：360t，13 070m×3846m×5057mm

低端换流变压器：286t，10 380m×3994m×4987mm

受湖南丘陵地区地貌影响，湘潭换流站站址段的大件运输十分困难，经多次勘察选比、论证，最终选择的运输路线为：

易俗河港区码头（0.4km）—出码头道路（0.6km）—X014 县道（1.3km）—X018 县道（19km）—进站道路（1km）—湘潭换流站，线路全程约 22.3km。

该路段部分桥梁、路面、空障需要进行改造才能满足大件运输要求，其中，在 X018 县道上有一处韶灌渡槽净空高度仅为 4.55m，而变压器的实际高度最低达到 4.987m，因此，该处韶灌渡槽需要进行改造方可满足工程需要。

该韶灌渡槽是 1965 年，在时任湖南省委书记处书记、副省长华国锋同志开始修建，1966 年 6 月 2 日正式通水的中南地区最大灌溉工程，目前，韶灌工程仍对下游农田灌溉起到至关重要的作用。为满足大件运输车辆通行，只有把韶灌拆除或在韶关下的路面进行下挖处理，见图 14-1～图 14-2。

图 14-1 韶灌实景照片

图 14-2　韶灌实景照片

（二）处理措施

考虑到大件运输周期长，采取下挖方案需在渡槽前后挖掉 200m，社会影响大，所带来的安全风险无法预估。为降低风险，必须做通水利部门的工作，对韶灌渡槽采取其他方式改造。

2015 年，国网湖南省电力公司牵头向韶灌渡槽管理单位韶灌管理局发函请求对渡槽进行改造，以满足国家重点工程建设需求。但韶灌管理局于 2015 年 10 月份两次来函反对该处渡槽的拆除，理由是该渡槽涉及下游 6 万亩农田的灌溉且渡槽属于文物。

经宁乡县水利水电勘测设计院对韶灌渡槽状况、上下游农田水利设施状况、农田灌溉需求、大件运输车组通行需求等多方面因素综合评估后，制定了先移除渡槽，工程完工后再进行回复，同时采取跨路渡槽临时性"明槽改为县道下暗管"，以倒吸虹技术保证下游农田灌溉。

为保证倒虹吸工程安全可靠，宁乡县水利水电勘测设计院出具设计方案后，经省水利厅和韶灌管理局 3 次审查、修改，通过省水利厅组织的专家评审，于 2016 年 2 月初取得了渡槽占用行政许可决定书，从而打消了韶灌管理局之前的顾虑。未避免协调之困难，本拟委托韶灌管理局实施该工程，并于 2 月份通过各相关部门审查了委托协议，奈何其不愿实施。时不我待，遂报 3 月份的招标计划，4 月中旬出中标结果，但此时灌渠已通水，需增加临时措施保障施工。通过对比钢板桩、钢渡槽、玻璃钢管道三个方案的利弊，并征得韶灌管理局同意，确定采用钢渡槽方案。于 5 月中旬订货、实施，下旬进场施工。后采用顶管工艺代替路面开挖，降低对交通的影响、节约工期，于 8 月初试水、8 月底完工、9月初渡槽拆除。

（三）实施措施的效果（见图 14-3～图 14-4）

图 14-3　灌渠改造后实景照片

图 14-4　灌渠改造后实景照片

灌渠采取跨路渡槽临时性"明槽改为县道下暗管"，以后，解决了路面上方净空高度的限制，完全满足大件运输车组通行要求，同时，倒吸虹技术又保证了水渠流水的畅通，保障下游农田灌溉和百姓正常生产生活。

（四）值得借鉴的经验及反思

在我国南方地区，很多地方都有跨路面的水渠，在特高压建设过程中，很多超限车辆通行受到水渠净空高度限制。水渠都是保障居民生产、生活的水源保障，是民生工程，为保证车组通行进行拆除的可能性不大，因此，湘潭换流站韶灌渡槽的临时性"明槽改为县道下暗管"，再以倒吸虹技术保证水渠流水的畅通，保障下游农田灌溉和百姓正常生产生活的实施经验十分宝贵，值得后续工程在遇到这种情况下进行借鉴和学习。